普通高等教育“十二五”规划教材

线路带电作业技术

主　编　李盛林
副主编　吴正树
主　审　李如虎

中国水利水电出版社
www.waterpub.com.cn

内 容 提 要

本教材主要介绍配电线路和送电线路带电作业的基本原理，带电作业的安全距离、绝缘配合，带电作业的组合间隙和带电作业危险率，以及带电作业常用工具和材料，带电作业工具的保管、试验方法，并列举了几种常见的配电线路和送电线路的带电作业方法，介绍了直流输电的基本原理，±800kV特高压直流输电线路的基本结构、安全知识及带电作业的常用方法，融合了最新的±800kV带电作业方法。

本教材可作为职业院校学生的带电作业教材和带电作业从业人员的参考书。

图书在版编目（CIP）数据

线路带电作业技术 / 李盛林主编. -- 北京 : 中国水利水电出版社, 2015.1(2022.2重印)
普通高等教育“十二五”规划教材
ISBN 978-7-5170-2860-4

Ⅰ. ①线… Ⅱ. ①李… Ⅲ. ①输配电线路－带电作业－高等学校－教材 Ⅳ. ①TM726

中国版本图书馆CIP数据核字(2015)第012985号

书　　名	普通高等教育“十二五”规划教材 **线路带电作业技术**
作　　者	主编　李盛林　副主编　吴正树　主审　李如虎
出版发行	中国水利水电出版社 （北京市海淀区玉渊潭南路1号D座　100038） 网址：www.waterpub.com.cn E-mail：sales@waterpub.com.cn 电话：（010）68367658（营销中心）
经　　售	北京科水图书销售中心（零售） 电话：（010）88383994、63202643、68545874 全国各地新华书店和相关出版物销售网点
排　　版	中国水利水电出版社微机排版中心
印　　刷	清淞永业（天津）印刷有限公司
规　　格	184mm×260mm　16开本　8.75印张　207千字
版　　次	2015年1月第1版　2022年2月第2次印刷
印　　数	5001—7000册
定　　价	**32.00**元

前言

当前，我国的职业教育进入了快速发展时期，校企合作已成为职业教育发展的必由之路。本教材就是为了适应输配电相关专业的人才培养和培训，由广西电力职业技术学院与南方电网超高压公司技术专家合作编写完成的，体现了校企合作的新成果。

近年来，一些高职院校相继开设了高压输配电线路施工运行与维护专业，为我国电网发展培养了急需的人才，在电网大发展的同时，与专业教学培训相适应的教材不多，大多数输电线路带电作业技术方面的书籍把送电线路带电作业和配电线路带电作业分开来介绍。本教材将送电线路和配电线路带电作业融合在一起进行介绍，在内容上进行合理安排和整合，注重基本原理、基本概念介绍，更适合初学者学习。

本教材介绍输电线路带电作业的基本原理、基本工器具、工器具的使用和试验方法、配电线路和送电线路常见的带电作业项目，并融合最新的带电作业技术，内容由浅至深逐渐展开，使读者对输配电线路带电作业有整体的认识。

本教材第一章至第五章由李盛林编写，第六章由吴正树编写，全书由全国带电作业专业委员会委员、全国带电作业标准委员会委员李如虎主审。

在本教材的编写过程中，得到了南方电网超高压输电公司南宁局、南方电网超高压输电公司平果培训基地和其他有关部门诸多专家的指导，在此表示衷心的感谢。本教材引用或参考了相关文章，部分文字或图片摘自互联网，在此向其作者一并表示衷心的感谢！

由于编写时间仓促，本教材难免存在疏漏之处，恳请各位专家和读者提出宝贵意见，使之不断完善。

编　者

2014 年 6 月

目录

第一章 带电作业的基本原理及作业方法

第一节 带电作业基本知识

一、带电作业概念

带电作业就是在带电的电力设备上或接近带电部分所进行的维护、检修、测试和更换设备作业，或采用工具、装置或仪器进入限定的带电作业区域的所有作业。

所谓“限定的带电作业区域”就是指限制无带电作业或维护资格的工作人员进入的带电部分的空间。确定带电作业区域有利于采取特殊的预防措施以确保人员和设备安全。

带电作业是相对于停电作业而言的。是不是带电作业，不能单纯以设备是否带电来衡量，而是要看最终效果、是否因为设备的检修或更换而改变了系统合理的、经济的运行方式，是否减少了甚至全部停止了对用户的供电。如果采取了某种手段，将要检修或更换的设备退出运行，但并没有改变系统合理的、经济的运行方式，也没有减少或停止对用户的正常供电，这也应该是一种带电作业方式。所以国外把带电作业称作不停电作业，被作业的设备并不一定带有电，但并不因为对该设备作业而造成停电，更准确地表述了带电作业的最终效益是不停电。

二、带电作业的意义

带电作业的意义有如下几点。

1. 提高了供电的可靠性，保证不间断供电

供电可靠性指的是供电系统持续供电的能力，是考核供电系统电能质量的重要指标，反映了电力工业对国民经济电能需求的满足程度，已经成为衡量一个国家经济发达程度的标准之一，同时也是衡量供电企业水平的标准。

衡量供电可靠性的量化指标是供电可靠率，为年实际供电时间与年应供电时间之比。可由下式计算：

$$R=\frac{8760n-\sum(m\Delta t)}{8760n}\times100\% \tag{1-1}$$

式中 R——供电可靠率；

n——供电企业供电的用户总数；n 个用户的年应供电时间总数为 $8760n$；

$\sum(m\Delta t)$ ——供电企业对用户的累计停电时间。

【例 1-1】 某变电所有 15 个用户，年停电检修时间记录见表 1-1，试计算该变电所的供电可靠率。

表 1-1 年停电检修时间表

停电次序	停电用户数/个	停电时间/h
1	4	5
2	5	3

续表

停电次序	停电用户数/个	停电时间/h
3	3	2
4	1	2
5	2	2.5
6	2	1.5

解：用户累计停电时间为

$$\sum(m\Delta t)=4\times5+5\times3+3\times2+1\times2+2\times2.5+2\times1.5=51\ (\text{h})$$

$$R=\frac{8760n-\sum(m\Delta t)}{8760n}\times100\%=\frac{8760\times15-51}{8760\times15}\times100\%=99.96\%$$

目前，我国对供电可靠性达标要求是99.7%，创一流企业要求达99.96%，创国际一流要求达99.99%。

在没有带电作业作为技术支持的供电企业是很难实现较高的供电可靠性指标的，电力网越发达，输电电压越高，越需要带电作业。因为输电电压越高，输送的容量越大，越不允许停电。因为输送容量越大，一旦停电，所造成的影响也越大。电力系统高度发达的美国、日本、欧洲等国家，都很重视带电作业。所以，带电作业人员应该有一种职业的荣誉感和责任感，带电作业事关能否创造一流的先进企业。

2. 改善服务质量，树立供电企业的良好形象

现代企业非常重视树立企业的良好形象，大型企业不惜投入巨资进行企业形象的宣传。良好的服务对树立企业良好形象至关重要。供电企业实施带电作业可提高供电可靠率，使供电企业保持良好的声誉，从而树立起企业良好的形象。

3. 创造良好的经济效益和社会效益，避免造成政治影响

停电势必会对企业的生产造成影响，同时也会对交通、商业等造成影响。带电作业造成的不停电效益计算分两部分：一是直接的经济损失，它等于该设备或该线路当日的平均供电负荷乘以如果要停电检修所需要的停电时间，这个时间包括停送电过程中所耗费的时间；二是间接损失，它等于平均每1kW·h的电量给社会创造的产值乘以损失电量。

对一些重要的政治机构、重要的社会活动，停电还会造成严重的政治影响。

4. 保持合理、经济的运行方式，降低线路功率损耗

随着国民经济不断地向前发展，电力行业也得到了很大发展。目前，我国已逐步形成了以大行政区为基础的6个跨省电网，即东北、华北、西北、华东、华中、南方6个区域电网。2011年12月9日，青藏交直流联网投入运行，标志着除台湾外已经形成全国互联电网，强有力的网架结构完全能够承受某一条甚至两条路线突然停电造成的负面影响。然而，一个电力网在正常运行时，各供电线路的负荷分配是最合理、最经济的负荷分配；一旦某一条线路停电，势必会增加另外线路的负担，形成绕道供电，线路的电阻 R 增大，线路的损耗也增大。例如，图1-1所示的环形网络，为使分析简单，假设网络为单相供电，正常闭环运行时断路器1QF～8QF全部合上，假设每条线路平均负荷为 P，总电流为 I（每端供电电流为 $I/2$），每条线路电阻为 R，闭环运行时，每条线路损耗的功率为

$$\Delta P_1 = 2\times\left(\frac{I}{2}\right)^2\times\frac{1}{2}R=\frac{1}{4}I^2R$$

电网总的损耗功率为

$$\Delta P = 4\Delta P_1 = I^2R$$

开环运行时，断路器1QF、4QF、5QF、8QF断开，断路器2QF、3QF、6QF、7QF合上，在这种情况下，假设负荷不变，则每条线路的功率损耗为

$$\Delta P_1 = I^2R$$

电网总的损耗功率为

$$\Delta P = 4\Delta P_1 = 4I^2R$$

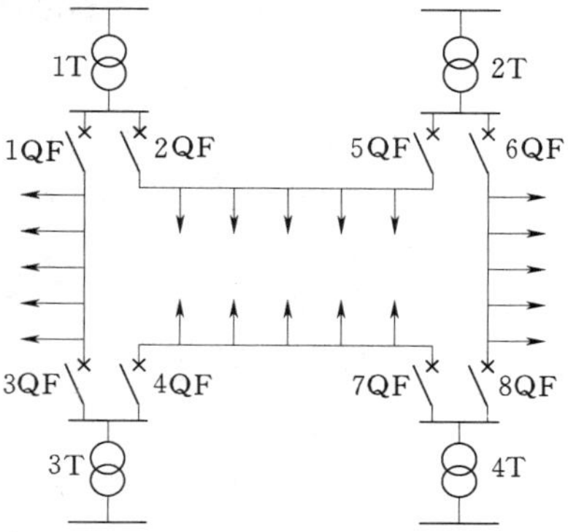

图1-1　环形电网示例图

可见，开环运行时的功率损耗是闭环运行时功率损耗的4倍。每开环运行一条线路，损耗就增加1倍。电力系统一般在最优化的条件下运行，如果因故造成其中的一条线路停电，最优化的状态被打破，整个系统的功率损耗就会增大。

5. 及时检修消除缺陷，防患于未然

开展带电作业后，对于线路发生故障或存在缺陷，均可及时安排进行带电作业处理，不用等到每年的停电大修。及时的修复可阻止一些线路故障的进一步发展，避免线路停电的事故。

三、带电作业的发展状况

1. 国际带电作业发展状况

在国际上，20世纪30年代，苏联就开始了输电线路带电作业；40年代，等电位作业方法已得到应用并大规模推广；50年代，带电作业已经在苏联普及，绝大部分抢修采用带电作业。目前，俄罗斯对于330～750kV输电线路的带电作业已经发展了一整套完整、合理的操作方法，并配有现代的装备及易于使用的工具，另外还进行了1150kV线路的带电作业研究。

法国自1960年起就成立了带电作业技术委员会和带电作业试验研究所，由国家培训中心负责进行带电作业技术培训，70%的维护工作和80%的检修工作是在带电作业状态下完成的。

美国是最早出现线路带电作业工具的国家，已发展了一套完整、成熟、合理的带电作业技术，并配有完善可靠、便于操作的带电作业工器具。

德国从1971年开始进行带电作业，目前从配电线路到400kV线路都开展了带电作业项目。在意大利和丹麦也有专门的带电作业培训机构进行带电作业培训。

日本的带电作业及维护检修工作已逐渐实现机械化、自动化，并对机器人带电作业进行了研究，处于技术领先地位。

2. 国内带电作业技术发展状况

1954年，我国辽宁省鞍山市首先研制出第一套3.3～6.6kV带电作业工具，并开始了带电作业。1957年10月，我国研制出第一套220kV高压输电线路带电作业工具；1958年7月，首次在辽宁沈阳进行220kV高压输电线路等电位带电作业；20世纪70年代开始

进行 330kV 带电作业；80 年代开始进行 500kV 带电作业；2010 年 10 月，我国国家电网电力科学研究院进行了 1000kV 同塔双回路特高压输电线路带电作业的试验研究；2013 年，南方电网超高压公司进行了±800kV 特高压直流输电线路带电作业的试验，并在云南昆明带电作业培训基地进行了±800kV 特高压直流输电线路带电作业的培训工作。经过几十年的发展，广大电业工人、工程技术人员用带电作业技术，解决了许多供电生产中的技术难题；用带电作业方法加高塔头，解决了升压线路对地间隙不足的困难；用带电作业方法，用合成绝缘子更换 500kV 线路瓷绝缘子，解决了线路污闪事故；用带电作业方法更换杆塔，解决了骨干线路对地距离不足的问题；用带电作业方法更换导线耐张压接管、变电站母线、水泥杆下段等难度较大的工程问题；用带电作业方法解决全线路升压改造不停电运行问题；用带电作业方法解决变电设备带电测试问题等。

2010 年 4 月 12 日，湖北省超高压输变电公司在武汉市蔡甸区玉贤镇进行了直升机在三相高压带电线路中实施中相线路更换导线间隔棒、导线与地线预绞丝补强、地线防振锤等带电作业项目，是我国首次进行的直升机带电作业尝试。直升机带电作业法是世界上少数发达国家在超高压主干电网维护检修方面采用的作业手段。它具有快捷、高效、高技术含量等特点，克服了传统带电作业法中存在的局限，体现了当前国际输变电线路带电作业维护的最高水平。超高压输电线路跨山越岭，地势复杂，半数以上分布在高海拔的大山里，要及时抵达检修线场异常艰难，大量时间消耗在检修人员及所需工器具送达现场的过程中。如采用直升机作业，诸如此类困难可迎刃而解。直升机带电作业法不仅填补了国内空白，而且为我国超高压电网输电线路检修维护方式翻开了崭新的一页。

思　考　题

1. 什么是带电作业？带电作业有哪些意义？

2. 什么是供电可靠率？它与哪些因素有关？带电作业对供电可靠率有何影响？

第二节　带电作业的基本原理

一、电流对人体的影响

电流对人体的伤害程度与通过人体电流的大小、电流通过人体的持续时间、电流通过人体的途径、电流的频率、作用于人体的电压以及人体的状况等多种因素有关，而且各因素之间，特别是电流大小与作用时间之间有着密切的关系。

1. 伤害程度与电流大小的关系

通过人体的电流越大，人体的生理反应越明显、感觉越强烈，引起心室颤动所需的时间越短，致命的危害就越大。

（1）感知电流。引起人的感觉（如麻、刺、痛）的最小电流称为感知电流。男性约为 1.1mA（直流 5mA），成年女性约为 0.7mA（直流 3mA）。

（2）摆脱电流。电流增大超过感知电流时，发热、刺痛的感觉增强。一般男性平均为 16mA，女性约为 10mA。

（3）致命电流。在较短时间内会危及生命的电流称为致命电流。电击致死的主要原因，大都是由于电流引起了心室颤动而造成的。因此，通常将引起心室颤动的电流称为致命电流。

2. 伤害程度与电流作用于人体时间的关系

引起心室颤动的电流即致命电流大小与电流作用于人体时间的长短有关。作用时间越长，越容易引起心室颤动，危险性也就越大。

3. 伤害程度与电流途径的关系

当电流从手到脚（其中尤以从右手到脚）及从一只手到另一只手时，触电的伤害最为严重。

4. 伤害程度与电流频率的关系

触电的伤害程度还与电流的频率有关。由试验得知，频率在 30～300Hz 的交流电最易引起人体室颤。而工频交流电频率为 50Hz，正属于这一频率范围，故触电时也最危险。所以，同样电压的交流电，其危险性就比直流电更大一些。在此范围外，频率越高或越低，对人体的危害程度反而会相对地小一些，但并不是说就没有危险性，高压高频依然是十分危险的。

5. 伤害程度与电压的关系

当人体电阻一定时，作用于人体的电压越高，通过人体的电流越大。实际上，通过人体的电流大小并不与作用于人体上的电压成正比，这是因为，随着电压的升高，人体电阻因皮肤受损破裂而下降，致使通过人体的电流迅速增加，从而对人产生严重的伤害。

6. 伤害程度与人体电阻的关系

当人体触电时，流过人体的电流（当接触电压一定时）由人体的电阻值决定，人体电阻越小，流过人体的电流越大，危险也就越大。

人体电阻主要包括人体内部电阻和皮肤电阻，人体内部电阻是固定不变的，与外界条件无关，约为 500～800Ω。皮肤电阻主要由角质层决定，角质层越厚，电阻就越大，其值一般为 1000～1500Ω。因此，人体电阻一般约为 1500～2000Ω（为保险起见，通常取为 800～1000Ω）。如果皮肤角质层有破损，则人体电阻将大为下降，也就是说，人体电阻不是固定不变的。

二、电场对人体的影响

在带电作业中，当外界电场达到一定强度时，人体裸露的皮肤上就会有“微风吹拂”的感觉发生，此时测量到的体表场强为 2.4kV/cm，相当于人体体表有 $0.08\mu A/cm^2$ 的电流流入肌体。产生这种感觉的原因是电场中导体的尖端因强场引起气体游离和移动的现象。在等电位电工的颜面上会有一种沾上蜘蛛网一样的感觉，这是强电场引起电荷在汗毛上集聚，使之竖起牵动皮肤形成的一种感觉。若等电位电工把手中的扳手伸向远处，耳边会听到“嗡嗡”声，扳手晃动越快，声音就越明显。在高压输电线路的强电场下，穿塑料凉鞋在草地上行走，裸露的脚面碰到地上的草时有时会有很强的针刺感。如果打着金属伞架的雨伞在强电场下走动，握着绝缘把手的手如果与金属杆形成一个小间隙，就会看到火花放电并对肌体产生电击感。

人体皮肤对表面局部场强的“电场感知水平”为 240kV/m。根据试验研究，人站在地面时头顶部的局部最高场强为周围场强的 13.5 倍。一个中等身材的人站在地面场强为 10kV/m 的均匀电场中，头顶最高处体表场强为 135kV/m，小于人体皮肤的“电场感知水平”。所以，国际电网会议认为高压输电线路下地面场强为 10kV/m 时是安全的。苏联规定在地面场强为 5kV/m 以下时，工作时间不受限制，超过 20kV/m 的地方，则需采取防护措施。我国 GB 6568.2—2000《带电作业用屏蔽服试验方法》中规定，人体面部裸露处的局部场强允许值为 240kV/m。带电作业必须满足下面三条要求：

（1）流经人体的电流不超过人体的感知水平 1mA（或 1000μA）。

（2）人体体表局部场强不超过人体的感知水平 240kV/m（或 2.4kV/cm）。

（3）与带电体保持规定的安全距离。

三、带电作业方式的划分

1. 按人与带电体的相对位置划分

（1）间接作业法。间接作业是作业人员不直接接触带电体，保持一定的安全距离，利用绝缘工具操作高压带电部件的作业。从操作方法来看，检测作业、中间电位作业、带电水冲洗和带电清扫绝缘子等都属于间接作业。间接作业也称为距离作业。

（2）直接作业法。直接作业法在国外也称为徒手作业或自由作业。在送电线路带电作业中，它是作业人员穿戴全套屏蔽防护用具，借助绝缘工具进入带电体，人体与带电设备处于同一电位的作业。它对防护用具的要求是导电性越强越好。而在配电线路带电作业中，作业人员穿戴全套绝缘防护用具直接对带电体进行作业。虽然与带电体之间无间隙距离，但人体与带电体是通过绝缘用具隔离开来，人体与带电体不是同一电位，对防护用具的要求是绝缘性越强越好。

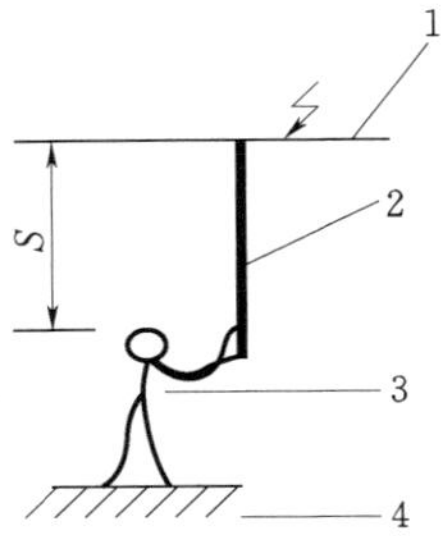

图 1-2　地电位作业

1—带电导体；2—绝缘操作杆；3—人体；4—大地

2. 按作业人员的人体电位来划分

（1）地电位作业（earth potential working）。地电位作业（又叫做间接作业或绝缘杆作业）是指作业人员在接地构件上与带电部分保持一定的距离，用绝缘工具对带电设备进行的作业。作业人员的电位为地电位。这时人体与带电体的关系是：大地（杆塔）→人→绝缘工具→带电体，如图 1-2 所示。

（2）中间电位作业（intermediate potential working）。中间电位作业是在地电位法和等电位法不便采用的情况下，介于两者之间的一种作业方法。此时人体的电位是介于地电位和带电体电位之间的某一悬浮电位，它要求作业人员既要保持对带电体有一定的距离，又要保持对地有一定的距离。这时，人体与带电体的关系是：大地（杆塔）→绝缘体→人体→绝缘工具→带电体，如图 1-3 所示。

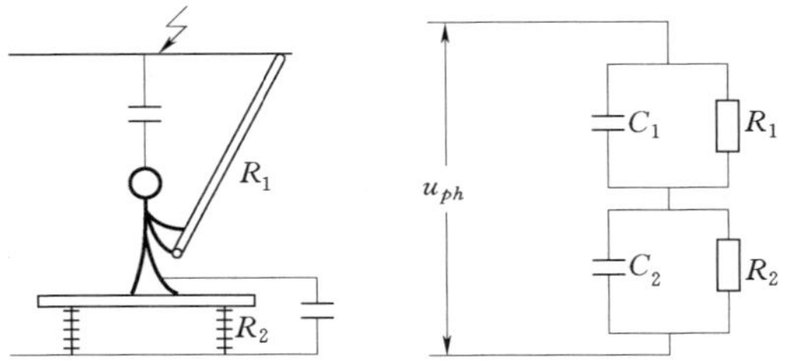

图 1-3　中间电位作业

（3）等电位作业（equipotential live working）。等电位作业是作业人员保持与带电体（导线）同一电位的作业，此时，人体与带电体的关系是：带电体（人体）→绝缘体→大地（杆塔）。三种作业方式的区别及特点如图1-4所示。

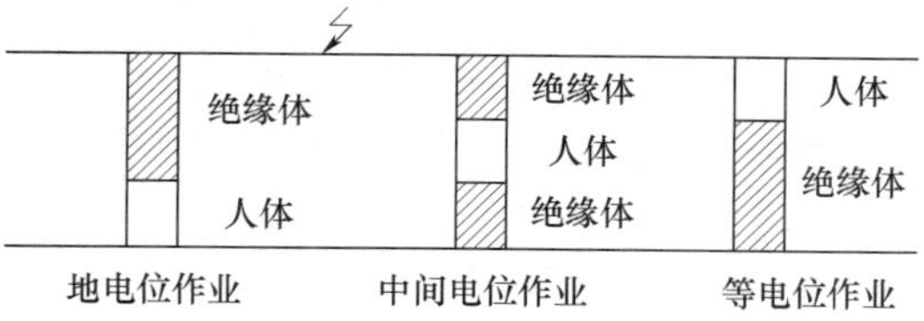

图1-4　带电作业方式

四、带电作业的基本方式和原理

1. 地电位作业的原理

地电位作业就是在地面或接地构件上与带电部分保持一定距离的人员，通过绝缘操作杆对带电的高压设备进行操作，人的手并不直接接触带电设备。

理解地电位作业的原理要从下述两方面去理解：

（1）为了不使绝缘操作杆在系统发生最大过电压时，发生沿绝缘杆表面（包括管子的内表面）的放电，以最长的放电长度再增加20%的裕度，来确定绝缘操作杆的最小有效长度；然后再至少增加30cm的人手的活动范围，才是整条绝缘操作杆的长度。所以，只要保持绝缘操作杆有最少的有效长度，就不会发生系统最大过电压时沿绝缘操作杆经操作人员放电。

通过计算，只要绝缘杆的性能良好，保持干净、干燥，就能使沿绝缘操作杆流经人体的泄漏电流通常小于200μA，大大低于人体感知的电流$I=1000\mu A$，所以操作人员没有感觉。

（2）根据实测，在220kV及以下设备上的地电位带电作业，人体的体表最大场强为1.5kV/cm，小于人的感知场强水平2.4kV/cm。但是，在330kV及以上电压输电线路进行塔上作业时，人体的体表场强会超过人的感知场强水平，使操作人员产生不舒服感觉。因而，在330kV及以上电压输电线路上作业时，应采取静电防护措施，例如穿静电感应防护服等，这时人体表的场强被屏蔽而变得很小了，处于地电位的操作人员不会感觉到电场的存在。这就是人可以在铁塔上用绝缘操作杆进行带电作业而对电场没有感觉的原因。

2. 等电位作业的原理

等电位作业是指等电位人员与周围不同电位物保持适当距离后，人体与带电体在电气上直接相连即电位相等，这样，等电位的人员就可以用手直接对带电的设备进行操作。理解等电位作业的原理要从下述两方面去理解：

（1）使人体有麻电感觉以致死亡的原因，不在于人体所处电位的高低，而取决于流经人体电流的大小。根据欧姆定律，没有电位差就没有电流。已经与带电体等电位的作业人员与带电体之间不存在电位差，所以从理论上来说，通过人体的电流等于零。这就是等电位作业原理。

等电位作业人员在进行作业时身体上是有微小的电流通过的，因为导线（包括等电位作业人员）对地存在电容C，产生电容电流I_C，此电流流经作业人员的屏蔽服，其值小于200μA。

（2）等电位作业人员在向带电导线转移时，带电导线会向作业人员放电。因为作业人员对地是绝缘的，这个放电也就是瞬间的，只形成冲击电流，它在很短的时间内衰减，并且没有稳定的后续电流。当人体完全等电位后，就是微安级的电容电流了。所以转移电位时发生的对人体的冲击放电并不可怕，也不危险。这是因为作业人员穿着全套屏蔽服，才不至于产生触电感觉。这时的屏蔽服不但起了屏蔽电场的作用，还起到了“均压”和“分流”的作用。

3. 中间电位作业原理

中间电位作业是指作业人员通过绝缘工具对地或对接地的构件绝缘，并与带电体保持一定的距离，通过绝缘操作杆对带电设备进行的作业。作业人员所处的电位低于带电体而高于地的电位，电位是随着人员接近带电体的距离而变化，为悬浮的中间电位。

中间电位作业的原理也要从两方面去理解：

（1）中间电位作业是地电位作业和等电位作业的一种中间方式，它不像地电位作业或者等电位作业那样在空气中只有单一的间隙，而是存在地-人体-带电体的双间隙；也不像地电位作业那样只有操作杆一段绝缘，而是绝缘梯（架）-人体-操作杆的双段绝缘。这两部分绝缘体仍然起着限制流经人体电流的作用。人体还要依靠这两段空气间隙和这两段有效绝缘长度防止带电体通过人体对接地体发生放电。

（2）中间电位作业也不像地电位作业或等电位作业那样只有单一的对导线或对地的电容，而是存在人体对带电体和人体对接地体两个电容。流经中间电位作业人体的总的电流大致略高于地电位作业时流经作业人体的总电容电流，但不会超过几百微安，即不超过人体的感知电流 1mA，因而是安全的。如果中间电位作业的作业人员穿了屏蔽服，通过屏蔽服分流后，真正流过人体的电流也就微乎其微了。中间电位作业时，因为是两个间隙的组合，我们称为“组合间隙”。组合间隙中因为存在一个容易放电的人体，所以相同长度的组合间隙的放电电压比单一间隙的放电电压要略低一些，所以 GB 26860—2011《电力安全工作规程》规定的组合间隙最小距离要求比单一间隙的最小距离要大些，见表 1－2。

表 1－2　单一间隙与组合间隙最小距离对照表

电压等级/kV	110	220	500
单一间隙最小距离/m	1.0	1.8	3.7
组合间隙最小距离/m	1.2	2.1	4

中间电位法多用在变电站内设备的带电作业，特别是高处设备或设备上高部位的带电作业。用操作杆够不着，等电位又因站内设备密集不安全，这时可以考虑采用绝缘硬梯加操作杆的中间电位作业法。

五、实现带电作业的方法和手段

（一）地电位作业

地电位作业的关键是在作业过程中对带电导线的处理，常用的方法如图 1－5 所示。

（1）升：将导线升高，使其脱离绝缘子。

（2）降：将导线降低，使其脱离绝缘子串。

（3）吊：将导线吊住但不降低，使其脱离绝缘子。

（4）拉（紧）：更换耐张绝缘子串时，需要用绝缘工具将导线收紧，以承受导线张力，以便更换整串或其中一片绝缘子。

(a)　(b)　(c)　(d)

图 1-5　带电作业中的升、降、吊、拉作业法

（二）等电位作业

为了实现人体对地可靠绝缘，除保持对地有足够的空气间隙，不至造成人体经空气或对接地的物体放电外，还应该保持送入人体进入等电位的绝缘梯、架、吊篮、斗臂车的绝缘斗臂等有足够的绝缘长度，避免沿绝缘工具表面对人体产生放电。如果是沿双耐张绝缘子串进入电场必须要保证除零值绝缘子和被人体“跨二短三”后良好绝缘子片数满足要求，即 220kV 线路不得少于 9 片；500kV 线路不得少于 23 片，所谓“跨二短三”就是等电位作业人员跨过了两片绝缘子而短接了三片绝缘子，因为跨过的两片绝缘子附近的两个绝缘子的瓷件的上表面和下表面分别被短接，因而总共有三片绝缘子被短接。等电位作业人员在进入电位或退出电位前存在一个转移电位的问题（“电位转移”就是带电作业时，作业人员由某一电位转移到另一电位）。为了不使人体转移电位前或者脱离电位后，带电体对人体放电，要求转移电位时，等电位人员对带电体保持一定的距离（例如，220kV 电压转移时保持 0.3m 的距离；500kV 电压转移电位时应保持 0.4m 的距离），并经工作负责人（监护人）同意后，在监护人的监护下转移电位，这就是要求转移电位时要“稳、准、快”。

在转移电位时要注意人的头部不能先接近带电的导线，因此，在快接近转移电位时，人的眼睛要盯住带电的导线，人的手要放在脸的前方（带电导线在人体的前面）或在头的上部（带电导线在人体的上面），防止对作业人员脸部、眼睛等部位放电，做好接触导线的心理和动作上的准备。

（三）中间电位作业

中间电位作业法多用在变电站内设备的带电作业，特别是高处设备或设备上高部位的带电作业。采用绝缘硬梯加操作杆相结合，操作人员站（坐）在绝缘硬梯上，从而使作业人员更接近带电设备。但也同时使处于电场中、绝缘硬梯上的作业人员有了低于导线而高于地面的中间电位，因此地面人员不能接触或接近中间电位作业人员，以防止两人同时触电，就是传递工具也得使用绝缘传递杆或绝缘绳。由于操作人员处在绝缘梯上，已经有一段绝缘，其所使用的操作杆的有效长度，可以比处于地电位作业时所使用的操作杆的最小有效长度短些。

思考题

1. 什么叫做地电位作业、等电位作业和中间电位作业？你能用人体电位图区别它们吗？

2. 地电位作业的原理是什么？为什么站在地面或铁塔上的人员通过绝缘操作杆接触带电的高压设备而不发生触电？

3. 等电位作业的原理是什么？为什么作业人员处于高电位而不发生触电？

4. 中间电位作业的原理是什么？中间电位作业的安全距离是指什么？中间电位作业的有效绝缘长度是指什么？

第二章　带电作业工器具及试验

第一节　带电作业工具绝缘材料及金属材料

一、常用绝缘材料的分类

1. 按电气设备正常运行所允许的最高工作温度分

按电气设备正常运行所允许的最高工作温度（即耐热等级），一般把绝缘材料分为Y、A、E、B、F、H、C 7个耐热等级。其允许工作温度分别为90℃、105℃、120℃、130℃、155℃、180℃、200℃。

2. 按带电作业形式分

按带电作业形式，绝缘材料划分如下：

（1）绝缘板材。包括硬板和软板。

（2）绝缘管材。包括硬管和软管。

（3）薄膜。

（4）绝缘绳索。如尼龙绳、锦纶绳和蚕丝绳。

（5）其他绝缘油、绝缘漆、绝缘黏合剂等。

二、绝缘材料的电气性能指标

绝缘材料的电气性能指标主要是绝缘电阻、介质损耗和绝缘强度。

1. 绝缘电阻

绝缘材料在恒定电压作用下，总有一微小的泄漏电流通过，泄漏电流大小与绝缘材料的绝缘电阻成反比。绝缘材料应具有很大的绝缘电阻。

2. 介质损耗

绝缘材料在恒定电压下，发热所消耗的电能称为介质损耗。受交流电压作用时的介质损耗比较大。介质损耗的大小，可以用介质损耗角正切值 $\tan\delta$（或介质损耗角 δ）及介质损耗功率 P 表示。

3. 绝缘强度（击穿强度）

绝缘材料抵抗电击穿的能力，称为击穿强度或绝缘强度。

绝缘材料在电场作用下尚未发生绝缘结构的击穿，而在其表面或与电极接触的空气（离子化气体）中发生了放电现象，这称为绝缘的闪络。此时的电压称为表面放电电压或闪络电压。绝缘材料在一定的电压作用下和规定的时间内，绝缘层没有发生击穿现象的电压值，称为耐受电压。

绝缘电阻、介质损耗、绝缘强度是检验绝缘材料电气性能的主要项目，带电作业工器具的绝缘材料必须是绝缘电阻大、介质损耗小、绝缘强度高的材料。

三、绝缘材料物理化学性能

1. 密度

密度是材料单位体积内的质量，单位为 kg/m^3 或 g/cm^3，带电作业常用的环氧树脂玻璃纤维增强复合型绝缘材料的密度是间接反映同类型材料机电性能的综合性指标。制作带电作业器具的材料，用于承力、载人工器具的主绝缘部件密度一般不得低于下列要求：板材不小于 $1.8g/cm^3$；管材不小于 $1.6g/cm^3$；棒材不小于 $1.7g/cm^3$。

2. 吸水性

吸水性表示材料在温度为（20±5)℃的蒸馏水中，经若干时间（一般为 24h）后绝缘材料质量增加的百分数。由于水能形成导电体或半导电体，所以水分的存在，使绝缘材料的性能大为劣化。因此，带电作业工器具、绝缘材料的吸水性一般不低于下列要求：绝缘板、棒材不大于 0.1%；绝缘管材不大于 0.2%；雨天作业工具的外表材料不大于 0.02%。

3. 耐热性能

当温度升高时，绝缘材料的性能如电阻、电击穿强度、机械强度等都会变低，介质损耗、应力变形等都将增大。因此，选用耐热性能好的绝缘材料做导电作业工具十分必要。

表示耐热性能的常用指标是马丁耐热性，它表示材料的标准样式在每小时升高温度 50℃的环境中，承受 50Pa 的弯曲力矩负荷达到弯曲变形时的温度（℃)。

指标要求如下：承力、载人工器具的绝缘材料不小于 200℃；非承力工具的主绝缘材料不小于 100℃。

4. 工艺性能

绝缘材料的工艺性能主要是指机械加工性能，如锯割、钻孔、车削、刨光等。带电作业使用的固体绝缘材料，必须具有良好的加工性能，才能便于制作各种形状的绝缘工具。

四、绝缘材料的机械性能

固体绝缘材料在承受机械负荷作用时所表现出的抵抗能力称为机械性能。由绝缘材料构成的绝缘零件和绝缘结构，都要承受一种或同时承受几种形式的机械负荷，如拉伸、重压、扭曲、弯折等，因此绝缘材料本身应具有一定的机械强度。由于带电作业工具的机械强度直接关系人身、设备安全，因此，对机械强度的要求比一般工程机械更高。用于带电作业工具的各种材料，必须具有足够的抗拉、抗压、抗弯、抗扭、抗冲击的强度及一定的硬度和塑性。

1. 绝缘材料机械强度

表示绝缘材料机械强度的指标，主要有以下几种：

(1) 抗拉、抗压、抗弯强度。它们分别表示在静态下的固体绝缘材料，承受逐步增大的拉力、压力、弯曲力直到破坏时的最大负荷（Pa)。

(2) 抗切强度。它表示固体绝缘材料在规定的温度、压力和震动下，抗刺、擦和磨的综合能力。

(3) 抗剪切强度。它表示材料构件轴线垂直方面承受大小相等、方向相反的力偶作用的能力。

(4) 抗扭强度。它表示材料构件两端沿横断面方向承受大小相等、方向相反的力偶作用的能力。

(5) 抗冲击强度。它表示材料承受冲击负荷的能力。

(6) 硬度。它表示材料（表面层）受压后不变形的能力。通常以布氏硬度来表示。

(7) 弹性和弹性模数。弹性指材料在变形应力消除后，恢复原来形状的能力。弹性模数指材料在弹性应变时，材料的应力与应变（相对变形）之比值。它是衡量绝缘材料是否容易变形的主要指标。

2. 几种绝缘材料的机械性能指标要求

(1) 制作承力、载人工器具的绝缘板材：抗张强度，纵向不小于 3.5×10^8Pa；抗弯强度：横向不小于 2.5×10^8Pa，纵向不小于 4.0×10^8Pa，横向不小于 3.0×10^8Pa。

(2) 制作承力、载人工器具的绝缘管材：抗张强度不小于 1.8×10^7Pa，抗剪强度不小于 1.5×10^7Pa，抗压强度不小于 7.0×10^7Pa。

(3) 制作承力、载人工器具的绝缘棒材：抗张强度不小于 2.0×10^8Pa，抗弯强度不小于 3.5×10^8Pa。

(4) 绝缘绳索的抗张强度：桑蚕丝绳不小于 9.0×10^7Pa，锦纶丝绳不小于 1.1×10^8Pa。

由于带电作业工具的机械强度直接关系人身、设备安全，因此，对机械强度的要求比一般工程机械更高。用于带电作业工具的各种材料，必须具有足够的抗拉、抗压、抗弯、抗扭、抗冲击的强度及一定的硬度和塑性。

五、金属材料

（一）铝合金

根据性能和用途，铝合金可分为锻铝、防锈铝、硬铝、超硬铝和特种铝五类。

锻铝是铝和镁、铝和铜的合金。除具有较高的强度外，还有良好的高温塑性及焊接性，但易有晶间腐蚀现象，用牌号 LD 表示。

硬铝又称杜拉铝，其特点是具有高的强度和硬度（如 LY12 合金铝的强度为 470N/mm^2），可以热处理（淬火和时效）强化。淬火就是把材料加热到一定温度（该温度也称奥氏体转变温度），在该温度维持一段时间使材料转化为奥氏体组织，然后快速冷却到室温以获得高硬度的材料（也称马氏体组织）。该合金虽然硬度高，但耐腐蚀性较差，因此在生产硬铝半成品时，常在外面包一层纯铝。硬铝用牌号 LY 表示。

超硬铝其硬度、强度均比硬铝高，如 LC 超硬铝强度可达 600N/mm^2，布氏硬度为 150。其外包铝层采用含少量锌的合金。制造高载荷零件时，LC4 比 LY12 的性能更佳，超硬铝用牌号 LC 表示。

促使铝合金硬度增大、强度升高的强化热处理，叫做时效。时效就是将淬火后的工件长时间置于室温或较高温度下保持适当时间，以提高强度的热处理工艺。在室温下自然发生的时效硬化叫做自然时效，用 Cz 表示。在温度升高的情况下进行时效，叫做人工时效，用 Cs 表示。超硬铝合金就是经过人工时效处理后的变形铝合金，常用牌号为 LC4Cs。带电作业常用的变形铝合金的机械性能见表 2-1。

表 2-1　变形铝合金机械性能

牌号	热处理型	机械性能				引自标准
		σ_s	σ_b	δ	HB	
		N/mm²		%		
		⩾			⩽	
LC4	Cs	380～410	520～550	5	150	GB 604—66
LY12（棒）	Cz	260～280	400～420	8～12	—	
LY12（管）	Cz	260	420	14	—	

（二）合金钢

合金钢包括普通碳素钢、普通含锰钢、普通低合金钢及合金结构钢，这些材料用作工具的连接部件或承力部件，如丝杠等。

带电作业工器具存放架一般采用不锈钢做成。

思　考　题

1. 常用绝缘材料按耐热等级可分为哪几类？
2. 绝缘材料的电气性能指标有哪些？
3. 带电作业工具的金属材料有哪些？带电作业工具存放架一般采用什么材料做成？

第二节　绝缘操作杆、绝缘绳索、绝缘梯和绝缘平台

带电作业用工具应有良好的电气绝缘性能、高机械强度，同时还应具有吸湿性低、耐老化等特点。为了方便现场作业，绝缘工具还应质量轻、操作方便、不易损坏。目前带电作业用绝缘工具大致可分为硬质绝缘工具和软质绝缘工具两大类。硬质绝缘工具包括绝缘操作杆、绝缘台、绝缘硬梯等，软质绝缘工具包括绝缘绳、绝缘手套、绝缘袖套、绝缘垫、绝缘毯等。

一、绝缘操作杆

绝缘操作杆是带电作业中间接作业的主要工具，拉闸杆具有操作方便、结构灵活、绝缘性能好、重量轻、机械强度高、适用范围广、携带轻便、防潮性强的优点，因而应用比较广泛。绝缘操作杆配用各种通用小工具可用于取、递绝缘子，拔、递弹簧销子，解、绑扎线，绝缘支撑，传递工具材料等。绝缘操作杆是由绝缘管和杆头工作部件组成，绝缘操作杆头部件根据用途不同而不同，常用的有拔销器、递销器、多向拔销器、螺杆取瓶器、弹簧取瓶器、转瓶器、绑线扒子、绝缘子连接器、带电线夹和夹线器等，如图 2-1 所示。绝缘操作杆常用环氧玻璃钢制作而成。

（一）绝缘操作杆的分类

绝缘操作杆可按电压等级、材质、使用环境、连接方式等几种进行分类。

（1）绝缘操作杆按电压等级分为 10kV、35kV、110kV、220kV、330kV、500kV。

（2）绝缘操作杆按材质分为环氧玻璃钢绝缘操作杆、酚醛树脂绝缘操作杆、环氧树脂

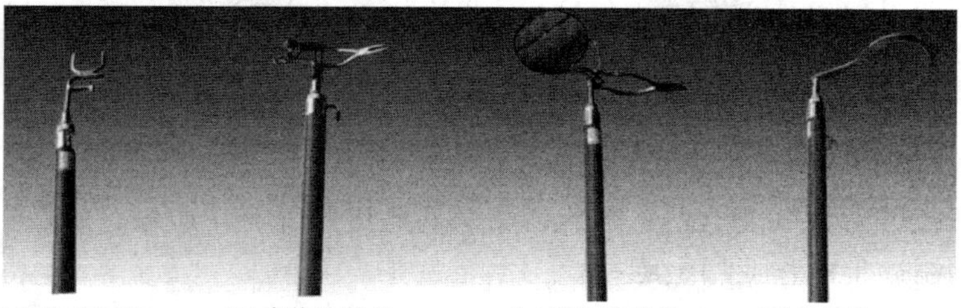

(a)碗头扶正器　(b)直线取销器　(c)耐张取销器　(d)取瓶钩

图 2-1 绝缘操作杆部分杆头工作部件图

绝缘操作杆等。

(3) 绝缘操作杆按使用环境分为普通型绝缘操作杆、防雨型绝缘操作杆（全天候绝缘操作杆），如图 2-2 所示。

防雨型绝缘操作杆带防雨绝缘子、带伞群，防雨型绝缘操作杆的型号有 JYG-F-10kV、JYG-F-35kV、JYG-F-110kV、JYG-F-220kV、JYG-F-330kV、JYG-F-500kV。

(4) 绝缘操作杆按连接方式分为可调式绝缘操作杆和分节式绝缘操作杆，分节式又可分为插销式和螺纹接口式。

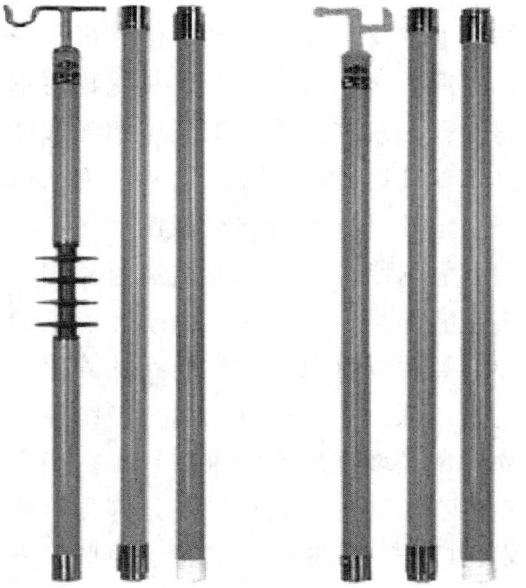

(a)全天候式　(b)非全天候式

图 2-2 全天候式和非全天候式绝缘操作杆实物图

1) 可调式（也称伸缩式）。可调式高压绝缘操作杆 3 节伸缩设计，一般最长做到 6m，重量轻，体积小，易携带，使用方便，可根据使用空间伸缩定位到任意长度，有效地克服了接口式绝缘操作杆因长度固定而使用不便的缺点。伸缩式绝缘操作杆的型号有 JYG-S-10kV、JYG-S-35kV、JYG-S-110kV、JYG-S-220kV、JYG-S-330kV、JYG-S-500kV。

2) 分节式。铁接扣式绝缘操作杆又称螺旋式绝缘操作杆，分节处采用螺旋接口，最长可做到 10m，可分节装袋携带方便。分节接扣式绝缘操作杆的型号有 JYG HY-3.5m、

JYG－HY－4m、JYG－HY－4.5m、JYG－HY－5m、JYG－HY－6m、JYG－HY－8m、JYG－HY－10m（按长度与节数可分为2节3m、3节3m、3节4m、3节4.5m、3节5m、4节6m、4节8m、5节10m）。

（二）绝缘操作杆的制作工艺

绝缘操作杆可由环氧玻璃钢、酚醛树脂、环氧树脂等制作而成。目前，国内外普遍采用环氧玻璃钢制造带电作业用绝缘杆。

1. 环氧玻璃钢的主要成分

环氧玻璃钢（通常简称为玻璃钢）是由玻璃纤维与环氧树脂复合而成的。由于玻璃和环氧树脂的电气性能都十分优良，因此由它们复合而成的玻璃钢也具有优良的电气性能。

环氧玻璃钢由三种主要成分组成：玻璃纤维、环氧树脂和偶联剂。

（1）玻璃纤维。玻璃纤维是玻璃在熔融状态下，通过小孔高速拉制成的直径为数微米至数十微米的细丝。块状的玻璃是脆性材料，机械性能强度不高，特别是冲击强度很低，但拉成细丝后的玻璃纤维却具有很高的机械强度，并具有较大的柔性，其原因是块状玻璃表面的微裂纹在受到机械应力时迅速发展，很快导致整块玻璃的碎裂；而拉成细丝后，玻璃丝表面出现微裂纹的几率大大减小，使玻璃纤维的强度比块状玻璃提高约100倍；此外，在由数百根甚至数千根单丝集束而成的玻璃纤维纱中，偶尔存在的微裂纹只能使一根单丝断裂，扩展不到其他纤维上，整束玻璃纤维纱仍然可承受很高的机械应力。

玻璃是多种金属氧化物的混合物，按各种金属氧化物的不同配比，可以制造出各种类型的玻璃。通常，根据玻璃的含碱量多少分为碱玻璃和无碱玻璃两类。用于制造带电作业绝缘工具的玻璃纤维必须由无碱玻璃拉制而成，这是因为无碱玻璃的含碱量低于1%，不易被潮气所侵蚀，并且具有稳定的电气性能和机械性能。

（2）环氧树脂。由于在环氧树脂分子结构中含有环氧基等活性基团，因此它对玻璃、金属及许多有机材料具有很强的黏结力。同时，由于环氧基的化学活性，可用多种含有活性氢的化合物使其开环，即环氧树脂可以与多种类型的固化剂发生交联固化反应，变成稳定的、不熔的体型网状结构物，从而具有优良的电气绝缘性能和机械性能。

（3）偶联剂。偶联剂的作用是增强玻璃纤维和环氧树脂之间的界面结合力。偶联剂的种类很多，它们的分子结构各不相同，但其共同点是都含有两种不同性质的活性基团，能分别与玻璃纤维和环氧树脂相联结，偶联剂的名称也由此而来。

2. 环氧玻璃钢的制作过程

首选将环氧树脂、玻璃纤维一起制作成环氧树脂纤维布。然后再采用热固性模压成型法制成环氧玻璃钢绝缘棒。热固性模压成型法就是将一定量的环氧树脂纤维布加入预热的模具内，施加较高的压力使玻璃纤维布填充模腔，在一定的压力和温度下使玻璃纤维布与偶联剂逐渐固化，然后将制品从模具内取出，就得到玻璃钢绝缘棒。

（三）带电作业用绝缘棒的技术要求

国家质检总局于2003年发布的GB 13393—2003《带电作业用空心绝缘管、泡沫填充绝缘管和实心绝缘棒的技术要求》中第4条关于带电作业用绝缘棒的技术要求如下。

1. 材料

绝缘管、绝缘棒应由玻璃钢等合成材料制成，其外观颜色可由用户确定，其密度不应小于 1.75g/cm³，吸水性不大于 0.3%，50Hz 介质损耗角正切不大于 0.01。

填充泡沫应黏合在绝缘管内壁。在进行标准所规定的试验时，除部件破坏引起的损坏外，泡沫或黏结剂都不应损坏，绝缘管、棒均应满足渗透试验的要求。

2. 标称尺寸

所有测得的直径均应符合表 2-2、表 2-3 的规定。

表 2-2　　实心棒标称及公差要求

标称外径/mm	外径允许偏差/mm
10、16、24、30	±0.4

表 2-3　　空心管、填充管标称尺寸及公差要求

<table>
<tr><th rowspan="2">标称外径/mm</th><th rowspan="2">外径允许偏差/mm</th><th rowspan="2">最小壁厚/mm</th><th colspan="2">壁厚允许偏差/mm</th></tr>
<tr><th>壁厚小于 5</th><th>壁厚大于 5</th></tr>
<tr><td>18、20、22、24、26、28、30</td><td>±0.4</td><td>1.5</td><td>±0.2</td><td></td></tr>
<tr><td>32、36、40、44</td><td>±0.5</td><td rowspan="2">2.5</td><td>±0.3</td><td></td></tr>
<tr><td>50、60、70</td><td>±0.8</td><td></td><td>±0.4</td></tr>
</table>

3. 电气性能

(1) 受潮前和受潮后的电气性能。用以制造绝缘工具的绝缘管、棒材应进行 300mm 长试品的 1min 工频耐压试验，包括干试验和受潮试验。

试品在 100kV 工频电压下的泄漏电流应符合表 2-4 的规定。

表 2-4　　试品工频耐压试验及泄漏电流允许值

<table>
<tr><th colspan="2" rowspan="2">标称外径/mm</th><th rowspan="2">试品电极间距/mm</th><th rowspan="2">1min 工频耐压/kV</th><th colspan="2">泄漏电流/μA，≥</th></tr>
<tr><th>干试验 I_1</th><th>受潮后试验 I_2</th></tr>
<tr><td rowspan="2">实心棒</td><td>30 以下</td><td rowspan="2">300</td><td rowspan="2">100</td><td>10</td><td>30</td></tr>
<tr><td>30</td><td>15</td><td>35</td></tr>
<tr><td rowspan="2">管棒</td><td>30 及以上</td><td rowspan="2">300</td><td rowspan="2">100</td><td>10</td><td>30</td></tr>
<tr><td>32～70</td><td>15</td><td>40</td></tr>
</table>

注　试验中记录最大电流 I_1、I_2 以及电流与电压间的相角差 ϕ_1、ϕ_2>50°（管）或 40°（棒）。

(2) 湿态绝缘性能。用以制造绝缘工具的绝缘管、棒材应进行 1200mm 长试品的 1h 淋雨试验。试品在 100kV 工频电压下无滑闪、无火花或击穿，表面无可见漏电腐蚀痕迹，无可察觉的温升等要求。

(3) 绝缘耐受性能。用以制造绝缘工具的绝缘管、棒材应能耐受相隔 300mm 的两电极间 1min 工频电压试验。试品在 100kV 工频电压下无滑闪、无火花或击穿，表面无可见漏电腐蚀痕迹，无可察觉的温升等要求。

4. 机械特性

用以制造绝缘工具的绝缘管、棒材应具有一定的机械抗弯、抗扭特性，以及耐挤压、耐机械老化性能。

二、绝缘操作杆的结构及制作工艺要求

（1）绝缘操作杆由杆头、绝缘部分和握手部分构成，结构图如图2-3所示。

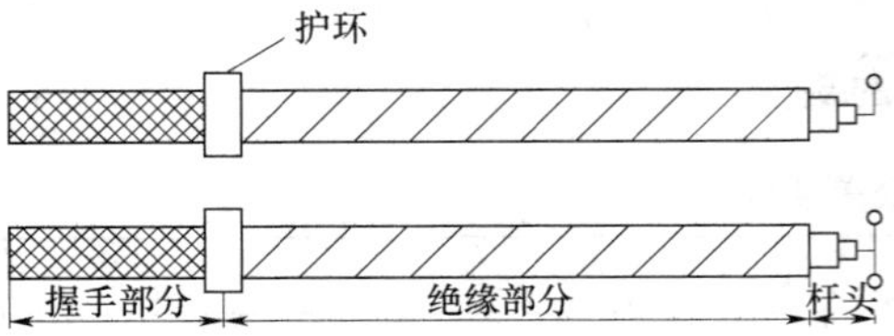

图2-3　绝缘操作杆结构图

（2）杆头可以由金属或绝缘材料制成，用来直接接触带电设备。根据工作需要，杆头可做成不同的样式，装在杆的顶端。杆头的长度在满足工作需要的情况下，应尽量做得短些，一般不超过10cm，以避免由于过长而在操作过程中造成相间短路或接地短路。

（3）金属接头应尽量少。绝缘操作杆应尽可能使用绝缘接头，接头应尽可能地少。110kV及以下操作杆不得有接头，220kV操作杆只能有1个接头。

（4）绝缘操作杆应有握手标志，使用时操作者的手不得超过标志。在任何情况下，操作杆的最短有效绝缘长度均应符合GB 26860—2011《电力安全工作规程》的规定。

（5）将绝缘操作杆当作承力工具使用：操作杆前端的金属部件或小工具，不得短接有效的绝缘间隙和有效绝缘长度。

（6）在杆上暂停作业时，操作杆应用专用挂钩垂直吊挂，或妥善地平放在水平塔材上。不得在塔材上拖动操作杆，以免损伤操作杆的外表。

（7）使用较长绝缘操作杆时，应在杆的前端适当位置加绝缘吊绳，以防杆身过分弯曲，并减轻操作者的劳动强度。

三、带电作业软质绝缘工具

（一）绝缘绳

绝缘绳是广泛应用于带电作业的一种软质绝缘材料（或绝缘工具），它可用作运载工具、攀登工具、吊拉绳、连接套和保险绳等，带电作业用全身安全带的保险绳也是绝缘绳。

在带电作业中，制造绝缘绳的原料有两种：一种以天然丝为原料，主要是蚕丝；另一种以合成纤维为原料，主要是锦纶丝、聚乙烯、聚丙烯等。目前，在我国以蚕丝为主，国外则以应用合成纤维为主。

用绝缘绳制成的软质绝缘工具，具有灵活、简便、易携带、适于野外作业等特点。我国在带电作业中应用了许多软质绝缘工具，可以说，带电作业工具的绳索化是中国带电作业的一大特点。

1. 蚕丝的构成与基本性能

由于蚕的输丝管有左右两条，因此它吐出的蚕丝由两根平行的单丝合并组成。蚕丝的主要成分是丝素和丝胶，丝胶内尚含有少量蜡质和碳水化合物。丝素是一种纤维蛋白质，又称丝纤维，它不溶于水；丝胶是球状蛋白质，溶于水。每根单丝的结构是：中间为丝纤维，外围为丝胶。单根丝纤维断面呈扁平三角形，断面面积约为$80\mu m^2$。丝纤维中的每个纤维分子都是定向地沿着丝纤维轴相互平行排列。丝胶在蚕丝中的含量约为20%～30%。含丝胶的蚕丝称为生丝，不能用于制造绝缘绳，必须将丝胶除去后才能作为制造绝缘绳的原料。

蚕丝的密度约为$1.30\sim1.45g/cm^3$。桑蚕丝纤维细而柔软，由于纤维分子定向排列，

因此有较高的机械强度，在干燥状态下具有良好的电气绝缘性能，电阻率为（1.5～5.0）$\times 10^{11}\Omega\cdot cm$。由于丝纤维具有多孔性，因此蚕丝的吸湿性大，受潮后的电性能迅速降低，电阻率也明显降低。蚕丝的耐热性也较好，110℃时只排除水分而对丝纤维并无损伤，140℃时则逐渐发黄，170℃时急速分解，加热到180℃时即燃烧碳化，并反复放出特有的臭味，但燃烧速度慢，且离开火源后自熄。因此，蚕丝还具有耐酸性能好、耐碱性能弱、有较大的伸长率、丝胶具有强的亲水性等特点。

2. 锦纶丝的成分与基本性能

锦纶的学名称为聚酰胺纤维。在国外的商品名称为尼龙（Nylon），并常以单元结构中所含的碳原子数命名，例如尼龙6、尼龙66、尼龙610、尼龙1010等。通常所说的尼龙系指尼龙6。

制造锦纶的基本原料为苯、苯酚、环乙烷、甲苯，其单体是己内酰酸。

锦纶的机械强度和耐磨性都是合成纤维中最高的。其电气绝缘性能也优良，并具有耐碱、耐腐蚀、不发霉、不被虫蛀、染色性好等特点，缺点是耐热性低，热老化性能差，吸湿性稍大，不耐浓酸，延伸率大。

3. 绝缘绳的结构与编织

绝缘绳的结构有绞制圆绳、编织圆绳、编织扁绳、环形绳及搭扣等。

绳索的捻制方法可分为顺捻和反捻两种，顺捻是指按反时针方向螺旋前进的方式捻，一般称为S捻；反捻是指按顺时针方向螺旋前进的方式捻，一般称为Z捻。为了防止绳索松散，通常对绳索的捻制总是按ZSZ方式进行。即将纤维捻成单丝时，按Z方式；纱线捻成股线时，按S方式；最后将股线捻成绳索时，又按Z方式。

（二）绝缘绳分类及型号规格标志

1. 分类

(1) 根据材料，绝缘绳索分为天然纤维绝缘绳索和合成纤维绳索。

(2) 根据在潮湿状态下的电气性能，绝缘绳索分为常规型绝缘绳索和防潮型绝缘绳索。

(3) 根据机械强度，绝缘绳索分为常规强度绝缘绳索和高强度绝缘绳索。

(4) 根据编织工艺，绝缘绳索分为编织绝缘绳索、绞制绝缘绳索和套织绝缘绳索。

2. 型号规格标志

型号规格标志如下：

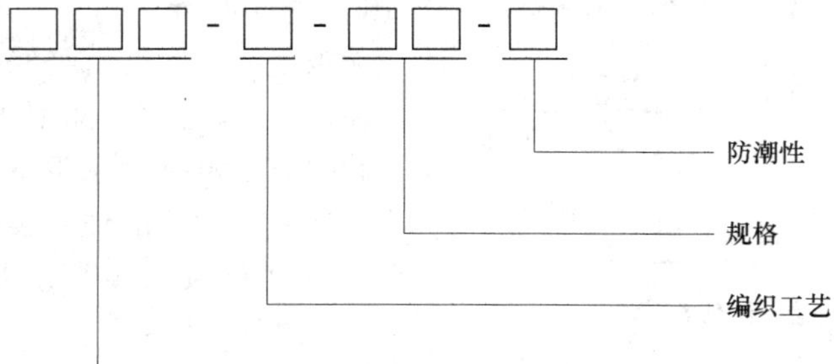

举例：TJS－B－12，天然纤维绝缘绳索，编织型，直径 12mm；

HJS－J－10，合成纤维绝缘绳索，绞制型，直径 10mm；

HJS－B－16－F，合成纤维绝缘绳索，编织型，直径 16mm，防潮型；

GJS－T－18，高强度绝缘绳索，套织型，直径 18mm；

GJS－T－18－F，高强度绝缘绳索，编织型，直径 18mm，防潮型。

（三）带电作业用绝缘绳索专用名词

（1）绳索直径：在测量张力下绳索外切圆的直径。

（2）测量张力：在测量绳索特性时作用于绳索的张力。

（3）断裂强度：绳索断裂时测得的最大张力。

（4）伸长率：当外加拉力由测量张力增至绳索额定断裂强度规定值的 75％时，绳索的长度增加值。

（5）常规型绝缘绳索：由天然纤维材料或合成纤维材料制成的在干燥状态下具有良好电气绝缘性能的绳索。

（6）防潮型绝缘绳索：由天然纤维材料或合成纤维材料制成，经过防潮专门处理，在高湿度条件下仍具备良好电气绝缘性能的绳索。

（7）高机械强度绝缘绳索：采用高强度合成纤维材料制成，较常规强度绝缘绳索的断裂强度增强 1 倍以上的绝缘绳索。

（四）绝缘绳索类工具

1. 消弧绳

型号示例：SCXHS－10×20m，其中：SC—桑蚕；XHS—消弧绳；10—绳径为 10mm；20m—长度为 20m。

消弧绳绳径以 10～12mm 为宜，长度可分为 15m、20m、30m 三种。

消弧绳是由桑蚕丝绳制成，在一端连续编织一段裸软铜线，在带电断接引工作中用来开断或接引电容电流的一种索类工具，它由蚕丝绳分两层编织而成。里层为直径 6～8mm 的芯索，外层用 15 股直径为 2mm 的股绳编织至端部 1～1.2m 处，由多股铜丝股绳接续编织而成。铜丝股绳的总截面面积不得小于 $25mm^2$。

消弧绳端部软铜线与绝缘绳的结合部分长度应不大于 200mm，绝缘部分与导线部分的分界要有明显标志。消弧绳的端部要有防止铜线散股的措施。

2. 绝缘绳套

（1）无极绝缘绳套。型号示例：JCSTW－16×400，其中：JC—锦纶长丝；ST—绳套；W—无极绳索；16—绳径为 16mm；400—长度为 400mm。

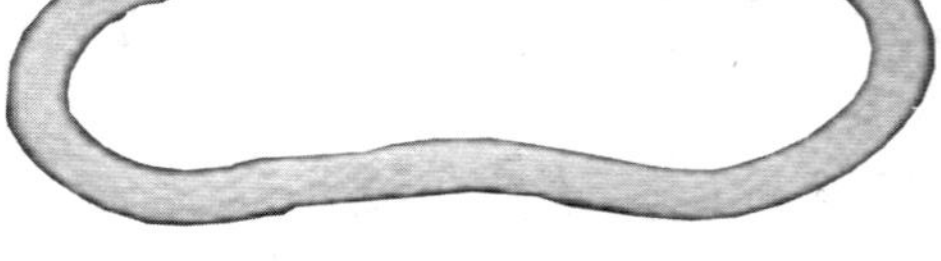

图 2－4　无极绝缘绳套

无极绝缘绳套是由绝缘丝线制成的环行绳套，在带电作业中用来挂接吊钩、吊杆、滑轮、卸扣等工器具的承重绝缘绳索工具。它是由锦纶丝线先制成股绳，再由股绳根据绳套的绳径和长度单股循环缠绕足够圈数后编织而成，如图 2－4 所示。

（2）两眼绝缘绳套。型号示例：JCSTL－16×400，其中：JC—锦纶长丝；ST—绳套；L—两眼绳索；16—绳径为16mm；400—长度为400mm。

两眼绝缘绳套的规格可以根据需要做成各种绳径和长度。

两眼绝缘绳套是由绝缘丝线制成的两端有眼圈的绳套，在带电作业中用来挂接吊钩、吊杆、滑轮、卸扣等工器具的承重绝缘绳索工具，又称绝缘千斤顶。它由锦纶丝线先制成股绳，再由股绳根据绳套的绳径和长度单股循环缠绕足够圈数后编织而成。如图2-5所示。

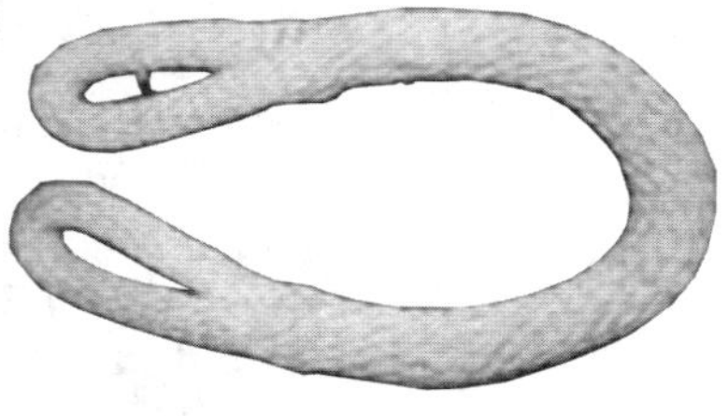

图2-5 两眼绝缘绳套

(3) 绝缘保险绳。

1) 人身保险绳。型号示例：SCRBS-14×4m，其中：SC—桑蚕；RBS—人身保护绳；14—绳径为14mm；4m—长度为4m。

人身保护绳绳径不小于14mm，长度可做成2～7m。

人身保险绳由绝缘丝线制成，在带电作业中防止人员高空坠落的一种保护绳索工具。

人身绝缘保险绳为一根绳径不小于14mm、两端径压股插花编成羊眼圈的绝缘编织绳或绞织绳。羊眼圈里应加皮革护套以防磨损。一般一端配以0.9号(9.3kN)卸扣，另一端配扁钢保险钩或其他保险钩，绳索受磨处应加皮革护套。绝缘保险绳的吊钩、扁纲保险钩等应有防止脱钩的保险装置。保险应可靠，操作应灵活。

人身绝缘保险绳、导线绝缘保险绳以及绳套的整体机械拉伸性能应满足表2-5的要求。

表2-5 人身绝缘保险绳、导线绝缘保险绳以及绳套机械拉力试验标准

名称	型号	试验静拉力/kN	试验静拉力允许拉力倍数	试荷时间/min
人身绝缘保险绳	SCRBS-14×(2～7m)	4.4	3.5	5
35～110kV导线绝缘保险绳	SCRBS-18×2.5m	20	2.5	5
220kV单导线绝缘保险绳	SCRBS-22×3.5m	30	2.5	5
220kV双分裂导线绝缘保险绳	SCRBS-34×3.5m	60	2.5	5
330kV双分裂导线绝缘保险绳	SCRBS-34×4.5m	60	2.5	5
500kV四分裂导线绝缘保险绳	SCRBS-34×5.5m	60	2.5	5
绝缘绳套	JCST各种		2.5	5

人身绝缘保险绳应按不同绳长整体做冲击试验，100kg质量自由坠落应无破断。当人身绝缘保险绳的长度超过3m时应加缓冲器，缓冲器应满足GB 6095中规定的要求。

2) 导线绝缘保护绳。导线绝缘保护绳的作用是在进行更换直线整串绝缘子等使导线脱离线路的作业时，为防止在作业过程当中导线从吊杆等工具脱落，使导线下坠造成事故的后果，通常在进行作业时，还需要在导线和横担之间安装导线保护绳，起到双保险的作用。

导线保护绳型号示例：SCDBS-30×4.5m，其中：SC—桑蚕；DBS—导线保护绳；30—绳径为30mm；4.5m—长度为4.5m。

导线保护绳绳径不小于 14mm，长度可做成 2～7m，如图 2－6 所示。

(a)

(b)

图 2－6　导线保护绳（含提线钩和卸扣）

导线绝缘保护绳由绝缘丝线制成，是在带电作业中防止导线脱落的一种保护绳索工具。导线绝缘保护绳一般由蚕丝绞织绳制成。绳的端径压股插花编成羊眼圈，另一端配置导线吊钩，绳索受磨处应加皮革护套。导线吊钩应有防止导线脱出的保险装置。规格分类见表 2－6。

表 2－6　　导线绝缘保护绳规格分类

型号	绳径/mm	绳长/m	额定负荷/kN	电压等级/kV	备注
SCRBS－18×2.5m	18	2.5	8	35～110	
SCRBS－22×3.5m	22	3.5	12	220	
SCRBS－34×3.5m	34	3.5	24	220	适用于 2 分裂导线
SCRBS－34×4.5m	34	4.5	24	330	适用于 2 分裂导线
SCRBS－34×5.5m	2×34	5.5	2×24	500	适用于 4 分裂导线

注　500kV 四分裂导线用 2 根 SCRBS－34×5.5m 绳。

（4）绝缘测距绳。型号示例：SCCS－4×50m，其中：SC—桑蚕；CS—测距绳；4—绳径为 4mm；50m—长度为 50m。

测距绳绳径为 4～5mm，长度为 50m。

绝缘测距绳是由绝缘丝线制成，用于检测带电设备间或带电设备对地距离的一种标有尺度的绝缘绳索工具。

绝缘测距绳为绳径 4～5mm 的蚕丝编织绳。每隔 5m 设置一个黄色标志，每隔 1m 设置一个红色标志，每隔 0.5m 设置一个蓝色标志，标志应明显经久。测距绳应缠绕在转盘里，绳头配备可拆卸的直径为 25～30mm 的重锤一个。

绝缘测距绳的缠绕器应灵活轻巧，便于携带和储藏。缠绕器不宜密封以便散开烘干。绝缘测距绳标定刻度标志时，应在本产品配备的重锤悬空吊持状态下进行。

(五) 带电作业用绝缘绳索类工具的电气绝缘性能要求

带电作业用绝缘绳索类工具的电气绝缘性能应满足表 2－7 的要求。

表 2-7　　带电作业用绝缘绳索类工具的电气试验标准

额定电压/kV	试验电极间距/m	工频耐压试验		15 次冲击波耐受电压/kV
		耐受电压/kV	耐受时间/min	
35	0.6	150	1	
110	1.0	250	1	
220	1.8	350	1	
330	2.8	420	1	900
500	3.7	640	1	1175

带电作业用绝缘绳索应做绝缘绳淋雨试验，布置如图 2-7 所示。

(六) 绝缘绳索使用指南

(1) 绝缘绳索的许用额定负荷以 GB 13035—2003《带电作业用绝缘绳索》规定的断裂强度为依据除以安全系数 K 求得。

(2) 绝缘绳索应避免不必要地暴露在高湿、阳光下，也要避免和机油、油脂、变压器油、工业乙醇接触，严禁与强酸、强碱物质接触。不得在地面上或水中拖放，严防与杆塔摩擦。

(3) 绝缘绳索应存放在防潮的塑料桶中，使用时直接从桶中拉出，用后直接装入桶中。

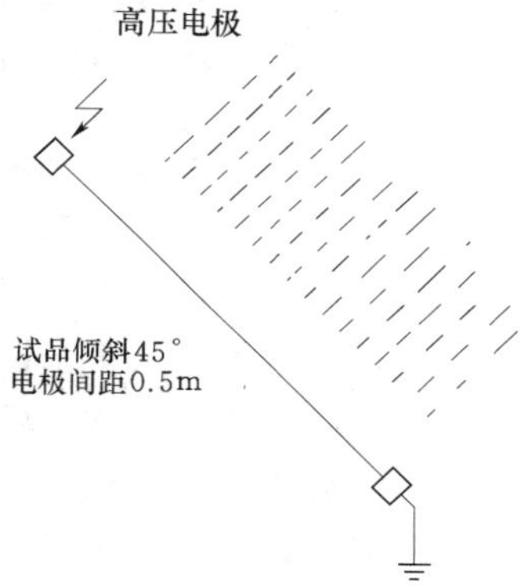

图 2-7　淋雨试验布置图

(4) 绝缘绳要严防受潮。受潮的绝缘绳严禁在带电作业中使用。未经处理的受潮绝缘绳要另外存放。处理过的受潮绝缘绳要经预防性试验合格才能重新使用。

对已受潮的绝缘绳索应进行干燥处理，但干燥的温度不宜超过 65℃。

(5) 每 6 个月应对绝缘绳索进行一次例行试验，每年进行一次抽样检验。

(6) 常规型绝缘绳索适用于晴朗干燥气候条件下的带电作业，防潮型绝缘绳索适用于无雨雪、无持续浓雾的气候条件下作业。

(7) 绝缘绳索禁止储存在阳光或有其他光源直射的地方，禁止储存在热源附近。

(8) 使用时可根据工作要求选用不同机械性能的常规强度绝缘绳索或高强度绝缘绳索，根据不同气候条件选用常规型绝缘绳索或防潮型绝缘绳索。

(9) 使用单位可根据绝缘绳索使用频度和状况，并考虑到电气、化学和环境、储存等因素可能造成的老化，确定绝缘绳索的使用年限。GB/T 13035—2003 推荐使用年限一般为 5～8 年（自生产日期起）。

(10) 使用过程中，传递绳和控制绳子长度不够，可临时接长，但绳结接续应符合要求。

四、带电作业用绝缘梯

(一) 绝缘软梯

绝缘软梯由绝缘绳和绝缘管制成（图 2-8），可挂在导线、横担或构架上使用。挂在导线上使用时上部装有软梯架（用金属或绝缘材料制成，如图 2－9 所示），有的架上装有滑动轮，可使软梯在导线上移动。

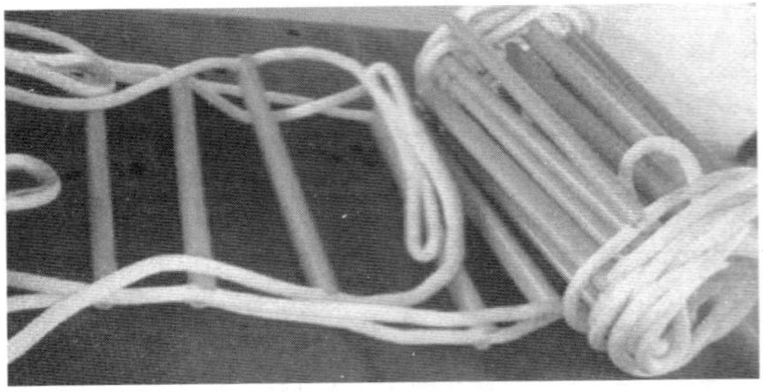

图 2－8　绝缘软梯的构造

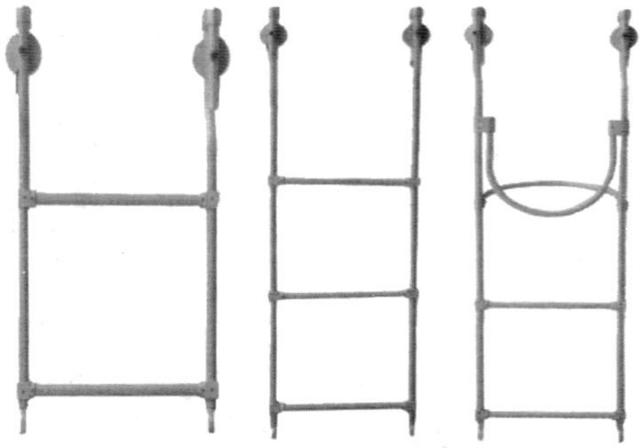

图 2－9　绝缘软梯架

绝缘软梯制作简单，携带方便，作业高度范围宽，绝缘绳和绝缘管容易更换，造价也不高，但攀登比较费劲。攀登绝缘软梯应从软梯侧面上下，才不至于“打秋千”。

（二）绝缘硬梯

绝缘硬梯一般用环氧酚醛布板或者管材（圆形或矩形）做成。为了携带方便，可做成活动式或者折叠式的。根据使用方式不同，绝缘硬梯又有直立绝缘硬梯、悬式绝缘硬梯及悬挂绝缘硬梯等。

直立绝缘硬梯有人字绝缘硬梯、步梯式拉线绝缘硬梯、升降绝缘梯、立式转动绝缘梯等。直立绝缘硬梯多用于变电站里的带电作业，如图 2－10 所示。

图 2－10　直立绝缘硬梯及带电作业图

（三）绝缘挂梯

绝缘挂梯具有短小轻便的特点，使用时梯子上端悬挂在母线、横担或构架上，下端系有绝缘拉绳以固定悬挂角度，并防止摆动。按其结构形式也有步梯式和单柱式两种。一般的立式绝缘硬梯上端若装有挂钩，也可以做绝缘挂梯用。

华东地区 500kV 带电作业就经常用滑动的绝缘挂梯进行等电位作业。绝缘挂梯由于不受抗弯力，可以做得轻些。绝缘挂梯比绝缘软梯容易上下，也方便作业。但它不可能做得像绝缘软梯那样长。

一般梯子有两根主材，在每根主材上都要有一个挂钩，互为保险。独脚挂梯也要做成双挂钩，不仅可以互为保险，而且可以防止梯子的扭动。

五、带电作业升降旋转式绝缘平台

10kV 带电作业用升降旋转式绝缘平台由福州市电业局研制并投入应用，该平台可在山区、田野等绝缘斗臂车无法到位的情况下，用于配网带电作业，提高带电作业率。该绝缘平台利用蜗轮蜗杆传动装置将垂直升降和水平旋转集于一体，作业人员应用充电式电动扳手实现绝缘平台在作业过程中的调整定位，实现在 1m 范围内的垂直升降和 270°范围内的水平旋转的功能；主平台上方设有可上下、前后调节的绝缘小平台，实现可根据作业要求调节工作位置的功能，实现绝缘平台的稳定性、安全性和实用性。图 2－11 为作业人员应用该平台进行带电作业的情形。

图 2－11　带电作业用升降旋转式绝缘平台

思　考　题

1. 按 GB 13035—2003《带电作业用绳索》简单叙述对绝缘绳的电气和机械性能要求。

2. 如何用工艺要求验收绝缘绳索？

3. 绝缘绳索类工具有哪些类型？

4. 使用绝缘绳索应注意什么？

5. 更换直线绝缘子串时，在什么情况下要用保护绳？为什么软梯要从侧面上？

6. 为什么不能在脱离悬挂点的导线上挂梯？

第三节　卡具和紧线器

卡具按其用途不同，可做成不同形式，分别用来卡（锚固）在绝缘子、导线、金具和横担上。在作业中卡具必须与绝缘拉杆或其他形式的承力工具组合在一起才能发挥作用。卡具的制作要求首先是有足够的强度，如此才能保证安全可靠。其次是结构简单，使用方便，重量轻。卡具在使用时受到各种不同外力的作用，使卡具变形或断裂。因此，必须对卡具的使用进行力的分析计算，选择合理的尺寸和型号。

一、导线卡具

导线卡具是指在导线上设置锚固点的专用工具，与紧线器配合收紧导线。可进行耐张线夹、耐张绝缘子更换、调整驰度和导线开断重接等工作，如图 2－12 所示。

（1）导线卡具有单牵式和双牵式两种类型。前者有三角卡线器和锲形卡线器。前者是单锚固点卡具，适用于串接式牵引，后者是一种双锚固点平衡卡线器，适用于并联式牵引。

（2）锲形卡线器仅适用于 LGJ－120 及以下导线作业。

（3）导线卡具的夹嘴直径应与导线外径相适应，严禁代用。否则，使用中将出现滑移或压伤导线。

二、绝缘子卡具

绝缘子卡具是指在绝缘子上设置锚固点的专用工具，与紧线器配合，可进行单片绝缘子更换和导线调整驰度等工作。

（1）半圆卡具的前卡承力件为绝缘子瓷裙，适用于更换单片绝缘子。

（2）闭式卡具两半圆的弧度与绝缘子钢帽外形应基本吻合，避免在受力过程中出现较大的应力集中。如遇钢帽椭圆度过大、卡具无法就位时，不得凑合使用。闭式卡具一般根据线路使用的绝缘子型号到卡具生产厂家订制。闭式卡具如图 2－13 所示。

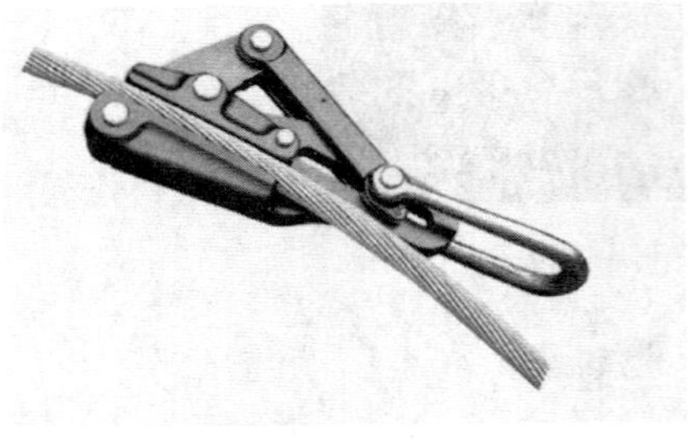

图 2－12　导线卡线器

图 2－13　闭式卡具

三、金属卡具

金属卡具是绝缘子串两端联结金具和耐张线夹卡具的统称，是设置在绝缘子串两端锚固点的专用工具，与紧线器、绝缘拉杆配合，可更换耐张单片或整串绝缘子，除联板卡具中有单翼式（大刀卡）外，其余均为双翼卡。前者用于双联或三联绝缘子串更换，后者用于单串绝缘子更换。金属卡具如图 2－14 所示。

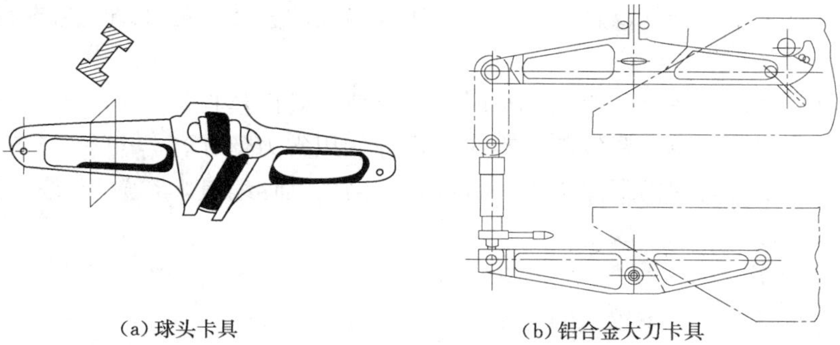

(a) 球头卡具　　(b) 铝合金大刀卡具

图 2-14　球头卡具和铝合金大刀卡具

（1）单翼式的大刀卡就位后，前、后两翼应基本平行。若大刀卡的力臂作用于原联板的受力螺栓，则需验算该螺栓在双重受力后的综合应力应小于其许用应力。否则不得利用原螺栓受力。

（2）所有双翼卡具应与相应的联结金具规格一致，且应配有后备保护装置（如封闭螺栓或插销）以防脱落。

四、横担卡具

横担卡具是指在横担上设置锚固定的专用工具，与紧线器绝缘吊杆、导线钩（或联板卡具）配合可更换直线单片或整串绝缘子。

（1）横担卡具实际上是卡在横担角钢上的角钢卡具，它必须与角钢规格相适应，且组装应牢固。

（2）单翼式横担卡具受力侧（即收紧导线的丝杠端）悬出横担距离，不得大于该工具的设计规定。

五、紧线器

紧线器一般用 45 号钢或合金钢制成，用于收紧导线、地线并承受其张力。紧线器分螺杆式（又称丝杠）和液压式两种，如图 2-15 所示。使用中应根据荷载大小和紧线方式正确选用其规格。

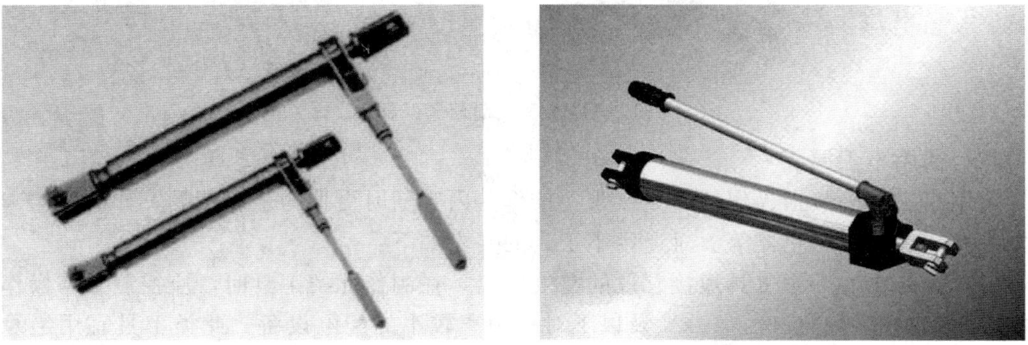

(a) 丝杠紧线器　　(b) 液压紧线器

图 2-15　丝杠紧线器和液压紧线器

1. 丝杠紧线器

丝杠紧线器分单行程（包括单丝杠、套筒丝杠、轴承丝杠）和双行程两种。前者使用于收紧系统（收紧系统指绝缘拉、吊杆与紧线器串接的整体）的外端，后者可在收紧系统中串接。

（1）当收紧系统有效空气距离较小时，推荐使用套筒丝杠。

（2）当荷载较大、单人紧线较困难时，推荐使用省力丝杠。

（3）丝杠必须有防脱的保险措施。否则，应测量其伸缩量，在放松过程当中应严格控制不得超过最大行程，以防脱落。

2. 液压紧线器

液压紧线器多用于荷载较大的场合。

（1）液压紧线器的泄油阀宜有良好的微调性，以减少卸载时的冲击力。

（2）液压紧线器的行程应大于50mm，当不大于50mm时，应配有调节安装长度的机械丝杆。

（3）液压紧线器的液压油及密封圈应定期更换。

（4）液压紧线器使用前应对其活塞杆的伸缩进行模拟操作试验，确认正常可靠后方可使用。

（5）液压紧线器活塞杆外露部分应严防碰伤或磨损。

（6）作业人员应熟悉其液压回路和操作程序，并具有排除液压失灵故障的能力。

3. 手扳葫芦紧线器

手扳葫芦是一款使用简单、携带方便的手动起重工具。使用手扳葫芦可以进行提升、牵引、下降、校准等作业。起重量一般不超过50t，在线路检修中多用于导线的收紧、起吊等作业。目前轻便型手扳葫芦使用高紧度合成纤维带代替金属链条，可减轻重量，携带方便。

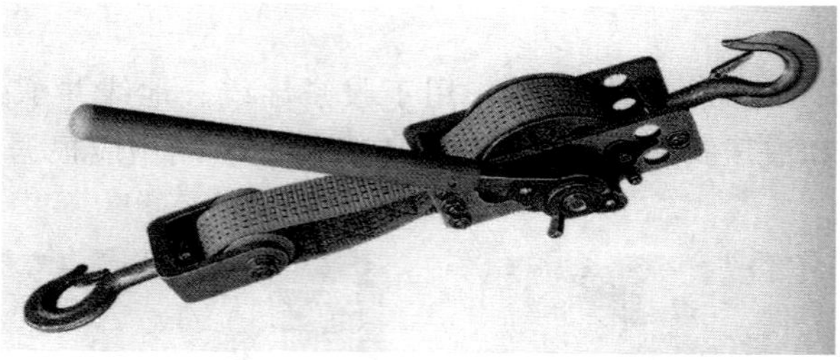

图2-16 手扳葫芦紧线器

六、通用小工具

通用小工具一般指操作杆万用接头上按作业内容随时更换的金属工具，如破销器、转瓶器、挑钩、碗头扶正器等。对通用小工具的要求如下：

（1）为防止通用小工具短接有效的空气距离，在制作此类工具时，应控制其与操作杆顶部金属工具座的总长度。10kV及以下对地距离较小的配电设备，此类工具宜用绝缘材料制作。

（2）对结构较为复杂的通用小工具（如多向拔销器），应经常擦拭、注油，以保持各活动部分的灵活性。

（3）作业人员应按作业要求选择相应功能的工具，不许使用不配套的工具勉强作业。

思　考　题

1. 对照实物了解各种卡具是如何锚固在导线、绝缘子、金具和横担上的？如何安装才能锚固牢靠？

2. 了解两种紧线器的原理，它们是怎样连接和使用的？

第四节　承力工具和托瓶架

承力工具主要指承受导线重量和张力的带电作业工具。常用的承力工具有绝缘滑车组，绝缘拉杆装置（包括托瓶装置），吊、紧线装置等。

一、绝缘滑车

1. 对绝缘滑车的要求

（1）零件及组合件按图纸合格后才能装配。

（2）装配好的滑轮在中轴上应转动灵活，无卡阻和碰擦现象。

（3）吊钩、吊环在吊梁上应转动灵活。

（4）各开口销不得向外弯，并切除多余部分。

（5）侧面螺栓高出螺母部分不大于2mm。

（6）侧板开口在90°范围内无卡阻现象。

2. 电气性能

各种型号的绝缘滑车电气性能指标均应通过交流工频30kV（有效值）1min耐压试验。其中，绝缘钩型滑车应能通过交流工频44kV（有效值）1min耐压试验。试验以不发热、不击穿为合格。

3. 机械性能

（1）各种型号的绝缘滑车应分别满足5kN、10kN、15kN、20kN的系列额定负荷的要求（这里额定负荷指吊钩的承载负荷）。

（2）各种类型的绝缘滑车机械性能指标均应能满足2.0倍额定负荷要求。持续时间5min的机械拉力试验，试验以无永久变形或裂纹为合格。

（3）各种型号的绝缘滑车的破坏拉力不得小于3.0倍额定负荷。各种型号的滑车参数分别见表2-8。

表2-8　带电作业用绝缘滑车型号种类及额定负荷表

型号	名称	额定负荷/kN	滑车个数
JH5-1B	单轮闭口型绝缘滑车	5	1
JH5-1K	单轮开口型绝缘滑车	5	1
JH5-1DY	单轮多用钩型绝缘滑车	5	1
JH5-2D	双轮短钩型绝缘滑车	5	2
JH5-2X	双轮导线钩型绝缘滑车	5	2
JH5-2J	双轮绝缘钩型绝缘滑车	5	2

续表

型号	名称	额定负荷/kN	滑车个数
JH5-3D	三轮短钩型绝缘滑车	5	3
JH5-3X	三轮导线钩型绝缘滑车	5	3
JH10-2D	双轮短钩型绝缘滑车	10	2
JH10-2C	双轮长钩型绝缘滑车	10	2
JH10-3D	三轮短钩型绝缘滑车	10	3
JH10-3C	三轮长钩型绝缘滑车	10	3
JH15-4D	四轮短钩型绝缘滑车	15	4
JH15-4C	四轮长钩型绝缘滑车	15	4
JH20-4D	四轮短钩型绝缘滑车	20	4
JH20-4C	四轮长钩型绝缘滑车	20	4

注 JH表示绝缘滑车；JH之后数字表示额定负荷；短横线后数字表示滑轮个数；最后一个字母表示结构特点（B—侧板闭口型；K—侧板开口型；D—短钩型；C—长钩型；J—绝缘钩型；DY—侧板开口绝缘轮型；X—导线钩型）。

二、绝缘滑车组

（1）用作主绝缘的绝缘滑车组宜用桑蚕丝绳，其安全系数不小于DL/T 966—2005《送电线路带电作业技术导则》的规定（表2-9）。

表2-9　按用途不同绝缘绳索的安全系数（*K*值）

用途	安全系数	用途	安全系数
传递绳	2.0	设备保护绳	3.0
控制绳	1.5	人身保护绳	5.0
主承力绳	3.0		

（2）使用绝缘滑车组提升重物或牵引导、地线时，尾绳上人均荷载不宜超过400N。滑车组的索牵引绳头可以从定滑轮绕出，也可以从动滑轮绕出。绳头绕出位置不同，提升重物的牵引力也不同。绳索牵引端头从定滑轮绕出时，滑车组提升荷载Q所需要的牵引力F可按下式计算：

$$F=\frac{Q}{n\eta_{\Sigma}}$$

式中　F——提升荷载所需的牵引力；

Q——荷载的重力；

n——滑车组的滑轮数；

η_{Σ}——滑车组的综合效率。

绳索牵引端头从定滑轮绕出时，牵引力与滑车组的滑轮个数关系见表2-10。

表 2-10　　牵引端从定滑轮绕出所需的拉力 F

滑车组的滑轮个数	2	3	4	5	6	7	8
滑车组联结方式	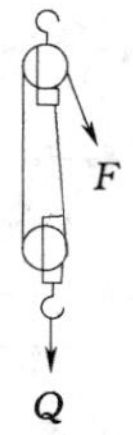	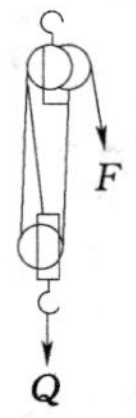	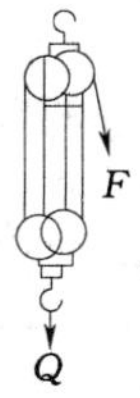	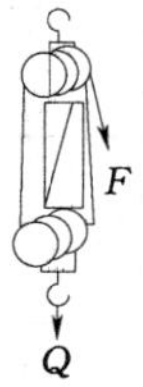	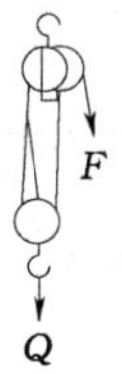	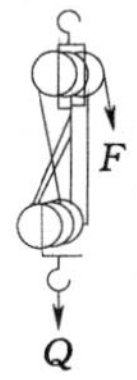	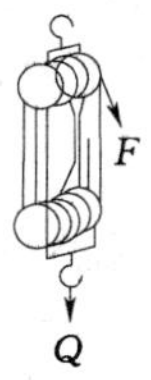
滑轮组每单滑轮的效率	0.94	0.94	0.94	0.94	0.94	0.94	0.94
滑轮组的综合效率	0.916	0.883	0.85	0.834	0.81	0.786	0.766
所需拉力 F	$0.54Q$	$0.378Q$	$0.29Q$	$0.24Q$	$0.206Q$	$0.18Q$	$0.164Q$

绳索牵引头从动滑车绕出时，滑车组提升荷载 Q 所需要的牵引力 F 可按下式计算：

$$F=\frac{Q}{\eta_{\Sigma}(n+1)}$$

绳索牵引端头从动滑轮绕出时，牵引力与滑车滑轮个数的关系见表 2-11。

【例 2-1】 表 2-11 所示的 1-2 滑车组（1 个单轮定滑轮与 1 个双轮动滑轮构成的滑车组）起吊荷载质量为 500kg，通过滑车组人力绞磨牵引，问提升所需的牵引力为多少？

解：取 $\eta_{\Sigma}=0.9$，

荷载重力

$$Q=500\text{kg}=4.9\text{kN}$$

所需牵引力为

$$F=\frac{Q}{\eta_{\Sigma}(n+1)}=\frac{4.9}{0.9\times(3+1)}=1.36\ (\text{kN})$$

答：提升重物所需的牵引力是 1.36kN。

表 2-11　　牵引端从动滑轮绕出所需的提升力 F

滑车组的滑车轮数	2	3	4	5	6	7	8
滑车组联结方式	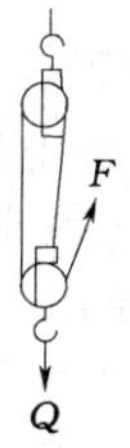	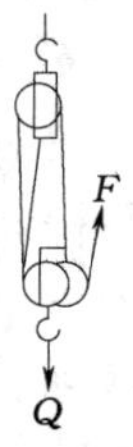	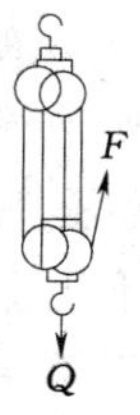	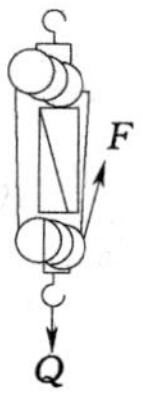	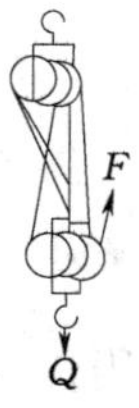	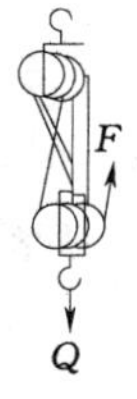	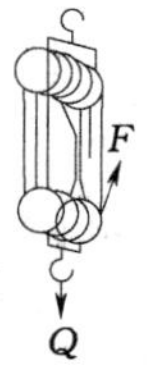

续表

滑车组的滑车轮数	2	3	4	5	6	7	8
滑轮组每单滑轮的效率	0.94	0.94	0.94	0.94	0.94	0.94	0.94
滑轮组的综合效率	0.916	0.883	0.85	0.834	0.81	0.786	0.766
所需拉力 F	$0.3639Q$	$0.2831Q$	$0.2353Q$	$0.1998Q$	$0.1763Q$	$0.159Q$	$0.145Q$

注　当以人力作为发力源时，尾绳上人均荷载不宜超过 300N。

(3) 用绝缘滑车组提升荷载大的重物或牵引导、地线时，应适当增加滑车轮数，且牵引端宜从动滑轮绕出。为了减轻尾绳人均工作荷重不超过 400N 的规定，也可取两组滑车组并联使用。

(4) 使用新绝缘滑车组或更换新绳后的绝缘滑车，其绝缘绳应按 2.5 倍使用荷重加载，拉出初伸长，以保证在使用中的伸长量尽可能减少。

(5) 使用过程中，绝缘滑车组的绳索不得绞在一起。固定在有尖角、突棱（如角钢）物体上的尾绳，绳与尖角间应加柔软的垫物（如毛巾），以防损伤绝缘绳。当发现滑车组不断伸长时，则说明已超过允许额定荷载，应立即停止使用。

三、绝缘吊（拉）杆

绝缘吊（拉）杆是绝缘吊（拉）杆装置的组件之一［绝缘吊（拉）杆装置是由绝缘吊（拉）杆、金属丝杠、卡具组成］，常用于带电更换绝缘子作业时转移绝缘子串所受导线的重力或张力。根据不同电压等级、作业内容（换耐张或直线绝缘子，单片或整串），绝缘吊（拉）杆装置的形式可以是多种多样的。

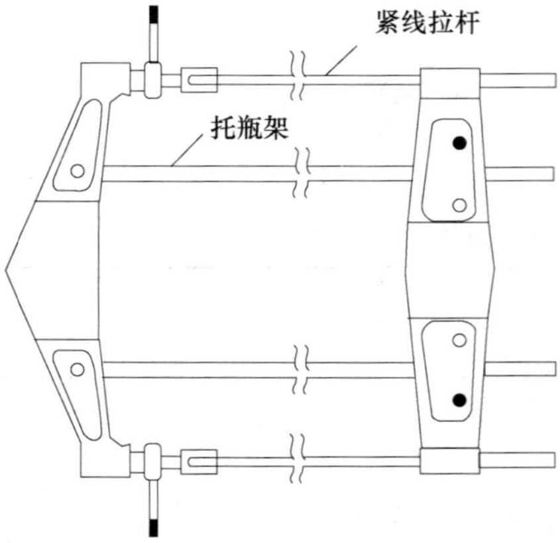

图 2－17　更换单串绝缘子时使用双拉杆

1. 更换耐张绝缘子串的绝缘拉杆

绝缘拉杆（或拉板）是用来承受导线张力的。更换单串绝缘子时使用双拉杆；更换双绝缘子串中的一串绝缘子时使用单拉杆，更换 500kV 双串绝缘子时使用双拉杆，如图 2－17 所示。

更换绝缘子串的绝缘拉杆过去用环氧酚醛玻璃布管（或板）制成，现在 500kV 线路上使用的拉（吊）杆，都是采用合成，并有硅橡胶雨裙。

2. 更换绝缘子串的吊杆

更换绝缘子串的吊杆有双吊杆和单吊杆之分。双吊杆就是用两根吊杆同时吊住导线，这种作业方法可以不用保险绳钩。单杆就是用一根吊杆吊住导线，这种作业方法必须用保险绳钩。吊杆上可以不带小托瓶架，也可以带小托瓶架组装在不良绝缘子的下一片绝缘位置，取出不良绝缘子两端的弹簧销子，收紧丝杆，使绝缘子托架以上的绝缘串不受力，即可用取瓶器取出不良的绝缘子。

3. 托（吊）瓶架

常用的托（吊）瓶装置有托瓶架和吊瓶钩。它们主要是用绝缘管（或板）制作而成，在更换绝缘子时用来承担（托住或吊住）松弛绝缘子串的全部重量。

托瓶架一般是装在耐张绝缘子串下面，用来托住被松开了的绝缘子串，以便将绝缘子串拖向横担侧更换其中损坏的或零值绝缘子，如图 2-17 所示。还有一种是更换直线绝缘子串用的托瓶架，它是装在绝缘子串侧面，当松开绝缘子串与导线的连接后（不要松开绝缘子串与横担的连接），将原来垂直的托瓶架拉成水平，平行于横担下面，就可更换其中损坏的或零值绝缘子。上述方法适合更换 220kV 及以下绝缘子串中的单片绝缘子，如果更换整串绝缘子则整串放到地面为好。

更换 500kV 耐张绝缘子串也有用托瓶架的，但这种托瓶架是一节一节地挂在拉杆上，并且像火车一样一节连一节，分段将绝缘子拉到横担上（每次 5～6 片），这种方法比较麻烦，目前较少采用了。

还有一种称作“小托瓶架”的装置，它是用来托住部分绝缘子，以便用间接作业法更换单片绝缘子。

吊瓶钩是用来吊住绝缘子串的，一般适用于更换 220kV 及以下整串绝缘子串。

托瓶架、吊瓶钩与取瓶器如图 2-18 所示。

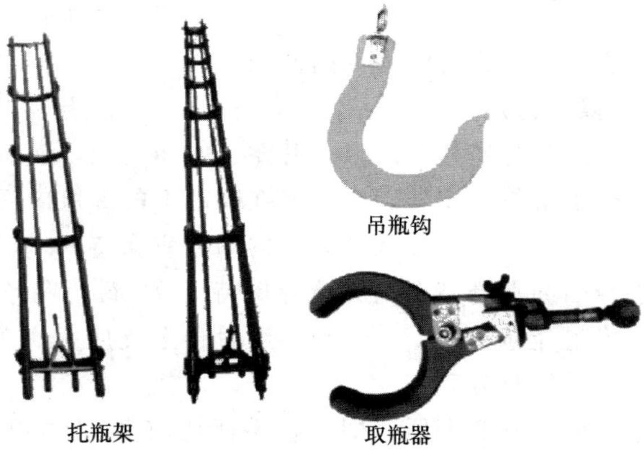

图 2-18 托瓶架、吊瓶钩与取瓶器

思考题

1. 绝缘滑车组的安全系数是多少？试说明 JH5-2J 型号的意义。

2. 表 2-11 所示的 2-2 滑车组起吊荷载质量为 500kg，通过人力牵引，人的允许最大拉力为 40kg，问可否用人拉起起吊物？

3. 绝缘拉杆和绝缘吊杆在什么场合下使用？托瓶架有何作用？

第五节　带电作业用绞磨及绞磨工的基本要求

一、机动绞磨机

（一）机动绞磨机的特点

机动绞磨机是一种在无电源的情况下，作为牵引、起重机械，以适应山区、野外施工需要的产品，它具有体积小、重量轻、牵引力大、操作简便等特点。它由发动机、离合器、变速箱（带制动器）、磨芯等部分组成，如图 2－19 所示。机动绞磨机有如下特点：

图 2－19　机动绞磨机实物图

（1）结构紧凑、机动性强，适用于无电源施工条件下使用。

（2）体积小、重量轻，便于施工中搬运、转移，特别适用于山区和地形复杂条件下施工作业使用。

（3）操作简单、工效高，可减少现场劳动强度，提高工效，便于现场指挥、安全施工。

（4）用途广泛，起吊速度快，主要用于超高压输电线路施工或日常维护清洗作业时吊装整串瓷瓶和小型电力设备，3t、5t 绞磨机具有运杆上山，拖杆、立杆、立塔、收线、紧线、电缆牵引、重物起吊等多种用途，尤其适合电力部门使用。

（二）机动绞磨机的操作方法

（1）装设牵引绳。将塔扣螺钉松开后，打开左、右半支架，面对磨芯，将牵引绳由下至上逆时针绕进磨芯，牵引端靠近支架。牵引绳在磨芯上的圈数应视牵引负荷而定，在额定工作负荷时，牵引大吨位时，牵引绳在磨芯上的圈数应保持 5～6 圈；更换 500kV 线路直线或耐张整串时，总牵引绳在磨芯上的圈数应保持 3～4 圈，将等电位电工送入导线侧等电位时，总牵引绳在磨芯上应保持 2～3 圈。然后合上支座板、关上锁头、拧紧螺栓。须注意，绞盘挡片必须卡入绞盘外侧。

（2）发动机启动前应先脱开离合器（即离合手柄往前推），并把左右变挡杆拨至空挡位置，然后才能启动。在启动时不宜过于用力拉尾绳，至皮带轮能带动输入轴转动不致走滑即可（参照发动机说明书启动发动机）。

（3）拨动离合器时，动作应快捷，否则连锁刹车不起作用，形成增加自动刹车棘爪之冲击力。

（4）变速箱换挡前必须先脱开离合器，使动力机不带动输入轴方向进行，否则，会损坏齿轮，变挡后应检查变挡是否牢合，以防发生跳档现象。

（5）变挡过程中，若出现入档困难现象，可轻微合一下离合器使得输入轴转动一个角度再换挡，或用扳手拨动扳手装置，使其旋转一个角度，现进行变挡，即可入挡，不得强行入挡。

（6）变挡结束后，应拉紧离合手柄，以减少皮带离合盘的磨损，在起吊重物时，应手控离合手柄，以防打滑，确保安全。

（7）工作前，应进行3～5min空载运行，检查离合器及换挡手柄是否灵活、准确、可靠，各部件是否有异常现象。

（三）绞磨绳绞脱时的应急绑扎

在把整串绝缘子串上传（或下传）的过程中，若由于绞磨操作人员的操作不当，造成绞磨绳（总牵引绳）绞脱于绞盘外，致使传递中断。此时，控制尾绳的人员应把尾绳拉紧，并绑扎到牢固的构件上固定，严禁突然松开尾绳，紧接着在转向滑车处，在滑车的两侧总牵引绳上用绳索多重打上猪蹄扣，两绳结之间以麻花状加以联动，负荷侧用铁丝把绳头扎紧，绞磨侧的绳头由地面人员牵制然后慢慢松开绞磨尾绳，让总牵引绳在转向滑车得以制动，最后，重新整理绞盘上的牵引绳，收紧磨绳解除制动绳结，恢复正常工作。

二、对机动绞磨工的要求及操作注意事项

（1）机动绞磨机应由获得机动绞磨机操作证的专人操作，操作者应掌握安全操作规程、性能、操作方法并达到熟练水平。

（2）操作人员必须集中精力，听从指挥，并注意绞磨机的各部件运行情况（尾绳另有专人负责），牵引吨位较大时，在尾绳处设置保险。

（3）机动绞磨机于额定负荷内工作（按技术参数进行操作），不准超负荷运行及工作，以免超过强度损坏机件。

（4）机座的锚固方法是靠磨芯两侧的轴承支座做锚固点，不能以其他位置作为锚固点使用。

（5）卷筒离合器的作用是在不带负荷的情况下，便于快速松紧牵引绳。在吊物前应先检查卷筒离合器是否牢合，起吊时严禁拨动该离合器，以致发生被吊物急速坠落事故。

（6）为了防止跳挡现象，在拨档叉内装有弹簧钢珠作为变档定位，因此，在使用时，要经常注意检查弹簧钢珠是否顶牢，倘若不牢，必须更换弹簧后方可使用。

（7）卷筒轴承座的锁钉，必须与相应的孔配合，禁止使用其他螺丝代替锁钉。

（8）起吊或降落时，必须合上止动挡，严禁打开，要调整好绞磨位置，使它对正受力以保证牵引绳走线顺当。

（9）机动绞磨操作人员严禁戴手套操作，并且不允许用手去调整通过磨芯的绕绳，那是错误且非常危险的。

思　考　题

1. 机动绞磨机有何特点？它在电力行业有何用途？
2. 如何启动机动绞磨？
3. 使用机动绞磨机应注意什么问题？
4. 当牵引绳在机动绞磨机的磨芯打绞时，应如何进行处理？

第六节 绝缘斗臂车

一、绝缘斗臂车简介

1. 绝缘斗臂车类型

目前，绝缘斗臂车已经成为配电线路带电作业的基本工具，通常使用于10kV、35kV、66kV和110kV电压等级的带电作业，也有少数地区开发了220kV级的带电作业用绝缘斗臂车。而国外，例如美国、法国等国家，已将带电作业用绝缘斗臂车使用至400kV、500kV甚至于735kV电压等级。对于不同的电压等级，斗臂车的绝缘臂的形式和长短可以制作得不一样来适应各个电压等级。绝缘斗臂车可按绝缘斗臂车工作臂的形式、绝缘斗臂车高度和电压等级来分类。

(1) 根据绝缘斗臂车工作臂的形式，可分为折叠臂式、直伸臂式、多关节臂式、垂直升降式和混合式。绝缘斗臂车如图2-20所示。

(2) 绝缘斗臂车按高度，一般可分为6m、8m、10m、12m、16m、20m、25m、30m、35m、40m、50m、60m、70m等。

(3) 绝缘斗臂车根据作业线路电压等级，可分为10kV、35kV、46kV、63（66）kV、110kV、220kV、330kV、500kV、765kV等。

绝缘斗臂车从支腿形式上还可分为A形腿和H形腿。H形腿不损伤路面，而且可以分级伸缩，便于在狭小场地作业。

绝缘斗臂车通常指能在大于10kV的线路上进行带电高空作业，其工作斗、工作臂、控制油路和线路、斗臂结合部都能满足一定的绝缘性能指标，并带有接地线。只采用工作斗绝缘的高空作业车一般不列入绝缘斗臂车范围。

(a)　　(b)

图2-20 绝缘斗臂车

2. 绝缘斗臂车的工作原理

绝缘斗臂车主要由油压发生装置、支腿装置、工作臂回转升降及伸缩装置等组成，绝缘斗臂车的工作原理如图2-21所示。

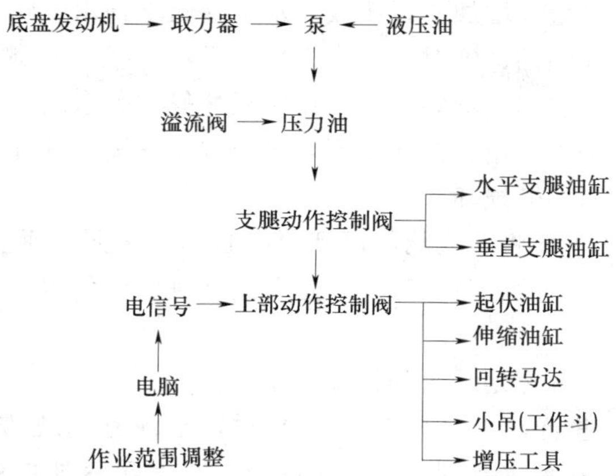

图 2-21 绝缘斗臂车的工作原理示意图

二、绝缘斗臂车的操作方法

正确地使用和操作液压绝缘斗臂车，不仅保证了作业车的使用安全，也保证了操作人员的人身安全。

(一) 发动机启动、取力器及支腿的操作

(1) 挂好手刹车，垫好三角块。

(2) 确认变速器杆处于中间位置，取力器开关扳至“关”的位置。此时计时器开始启动。计时器指示出车辆液压系统的累计使用时间。变速器杆必须处于中间位置，不在中间位置时，操作发动机启动、停止会使车辆移动。

(3) 将离合器踏板踩到底，启动发动机。

(4) 踩住离合器踏板，将取力器开关扳至“开”的位置。此时计时器开始启动。计时器指示出车辆液压系统的累计使用时间。

(5) 缓慢地松开离合器踏板。

(6) 通过上述操作，产生油压。冬季温度较低时，须在此状态下进行 5min 左右的预热运转。

(7) 油门高低速的操作。将油门切换至油门高速，提高发动机转速，以便快速地支撑好支腿，提高工作效率。工作臂操作时，为了防止液压油温过高，油门应调整为中速或怠速状态。在作业中，不要用驾驶室内的油门踏板、手油门来提高发动机的转速，这样会使液压油温度急剧上升，造成故障。

(8) 水平支腿操作步骤为：在 4 个转换杆中，选出欲操作的水平支腿的转换杆，切换至“水平”位置；“伸缩”操作杆扳至“伸出”位置时，水平支腿就会伸出。水平支腿设有不同张幅的绝缘斗臂车，根据不同的张幅，臂的作业范围就会在电脑的控制下作相应的调整。先确认水平支腿伸出方向没有人和障碍物后，再做伸出操作。没有设置支腿张幅传感器的作业车，水平支腿一定要伸出到最大跨距，否则有倾翻的危险。在支腿的位置应放置支腿垫板。

(9) 垂直支腿操作步骤为：将 4 个转换杆切换到“垂直”位置；“伸缩”操作杆扳到“伸出”位置，使支腿伸出；先确认支腿和支腿垫板之间没有异物后，再放下支腿。操作

相应的支腿，调节其伸出量或增加支腿垫板。水平支腿不伸出、轮胎不离地、垂直支腿放置不可靠时，车辆会出现倾翻；绝对不允许为加大作业半径，而将支腿捆绑在建筑物上或者装上配重。这样做，会引起车辆倾翻、工作臂损坏等重大事故。不要在几个转换杆分别处于“水平”位置或“垂直”位置的状态下，操作水平支腿，这样做会引起水平支腿跑出或使垂直支腿收缩，引起车辆损坏。

(10) 收回操作方法。要将各支腿收回到原始状态，按照“垂直支腿→水平支腿”的次序，进行收回操作，收回后，各操作杆一定要返回到中间位置。

(二) 安装接地棒

(1) 在电杆的地线上固定地线盘的接地夹子。

(2) 上述操作无法进行（近处没有地线）时，在泥地上先泼上水，将接地棒插进40cm以上，将地线盘的接地夹子固定在接地棒上，使其可靠地接地。在未安装接地状态下，不得进行带电作业，也不得在靠近带电电线的地方作业。接地线要定期检查，确保没有断线。

(三) 上部操作（工作斗操作）

1. 工作臂的操作

(1) 下臂操作（臂的升降操作）。折叠臂式绝缘斗臂车将下臂操作杆扳至“升”，使下臂油缸伸出，下臂升。将下臂操作杆扳至“降”，使下臂油缸缩进，下臂降；直伸臂式绝缘斗臂车则选择“升降”操作杆，扳至“升”，升降油缸伸出，工作臂升起；扳至“降”，使下臂油缸缩回，工作臂下降。

(2) 回转操作。将回转操作杆按标牌箭头方向扳，使转台回转或左回转。回转角度不受限制，可作360°全回转。在进行回转操作前，要先确认转台和工具箱之间是否有人或东西极有可能被夹的其他障碍物。作业车在倾斜状态下进行回转操作，会出现回转不灵活，甚至转不动的情况。因此，一定要使作业车基本水平停放。

(3) 上臂操作（伸缩操作）。折叠臂式高空车将上臂操作杆扳至“升”，使上臂油缸伸出，伸缩臂升。将上臂操作杆扳至“降”，使上臂油缸缩回，伸缩臂缩。

2. 工作斗摆动操作

将工作斗摆动操作杆按标牌箭头方向扳，使工作斗右摆动或左摆动。

3. 紧急停止操作

接通紧急停止操作杆时，上部的动作均停止，发动机不会停止。在下述情况下可参考操作：

(1) 工作斗上的作业人员为避免危险情况需停止工作臂的动作。

(2) 操作控制出现失控的情况。

4. 小吊操作

设有工作斗小吊的绝缘斗臂车小吊的操作，参考以下方法进行：

(1) 按照下面的顺序进行作业前的准备：①把小吊置于水平位置，插入升降调整销，固定小吊；②副臂插进臂架槽，用插销固定；③把滑轮插进副臂的前端，用螺栓固定好；④挂好在吊车滚筒内的纤维绳；⑤确定副臂的位置，升降固定销钩在固定装置，把调整旋转插销放在垂直位置，并固定回转。

（2）小吊缆绳的检查，按要求的顺序进行检查。绳索属定期更换零件。在使用过程中由于紫外线、材质老化或由于磨损使强度减低，所以即使未损伤，也必须每年更换一次。

（3）小吊载荷。各种设有工作斗小吊装置的绝缘型液压绝缘斗臂车对小吊设置的起重载荷各不相同，应仔细阅读其使用说明书，按要求操作。

（4）吊钩操作。将小吊操作杆扳至“升”，吊钩上升。将小吊操作杆扳至“降”，吊钩下降。不能用上下臂的升降操作来起吊物品，否则会损坏副臂，造成重大事故。

（四）下部操作（转台处的操作）

1. 工作臂的操作

在工作臂收回到托架上的状态下，不可进行工作臂的回转操作。

（1）下臂操作（或升降操作）。对折叠臂式绝缘斗臂车，将下臂操作杆扳至“升”，使下臂油缸伸出，下臂升；将下臂操作杆扳至“降”，使下臂油缸缩进，下臂降。

对直伸臂式绝缘斗臂车，选择“升降”操作杆，扳至“升”，升降油缸伸出，工作臂伸长；扳至“缩”，伸缩油缸缩回，工作臂降落。

（2）上臂操作（或伸缩操作）。对折叠臂式绝缘斗臂车，将上臂操作杆扳至“升”，使上臂油缸伸出，上臂升；将上臂操作杆扳至“降”，上臂油缸缩进，工作臂降落。

对直伸臂式绝缘斗臂车，选择“伸缩”操作杆，扳至“伸”，伸缩油缸伸出，工作臂伸长；扳至“缩”，伸缩油缸缩回，工作臂缩短。

（3）回转操作。将回转操作杆按标牌箭头方向扳，转台左回转或右回转。

2. 紧急停止操作

使用紧急停止操作杆进行紧急停止操作。接通紧急停止操作杆时，上部及下部操作的全部动作均停止，上述操作主要在以下情况进行：

（1）地面上的人员判断继续由上部进行操作会出现危险的情况。

（2）操作控制出现失控的情况。

（3）应急泵的操作。该操作用应急泵开关来进行。绝缘斗臂车因发动机或泵出现故障，使操作无法进行时，可启动应急泵，使工作斗上的作业人员安全降到地面。只有在应急开关“接通”时，应急泵工作。应急泵一次动作时间在30s之内，到下一次启动，必须要等待30s的间隔才可以进行。为了防止损坏应急泵，应急泵不要用于常规作业，也不要在不符合的状态下进行动作。操作前须确认取力器和发动机钥匙开关拨至“ON”位置。

三、使用绝缘斗臂车的注意事项

在使用绝缘斗臂车进行作业之前，必须全面了解绝缘斗臂车的操作步骤及性能。

1. 进行定期检查

在开始作业之前，应进行作业前的检查，应操作半臂车伸缩回转一次，斗臂车正常后方可开始进行作业。每月进行一次定期的自行检查（月度检查及年度检查），并将检查的结果记录保存。带电绝缘斗臂车，需要在每6个月内做一定期的绝缘性能方面的检查。在做定期检查的时候（包括日常维护、作业前检查、维修等），不要进入工作臂及工作斗的下方。

2. 行驶中的注意事项

（1）作业车在行驶时，必须达到以下状态：工作臂、工作斗及支腿收回到原始位置，小吊副臂移至水平位置，扣好小吊回转固定销，卸下液压工具油管，接地线收到滚筒上。不收回工作臂、工作斗及支腿行驶，将改变车辆的尺寸和平衡，是十分危险的。不要在工作斗内载人的状态下行驶。

(2) 全部卸下工作斗内的工具等物品，然后盖好工作斗外罩。工作斗内装载工具等重物行驶时，因行驶的振动可能会造成工作斗装置的损坏。行驶时，将工作斗收回到原始位置并可靠地挂好固定工作臂的缆绳或工作斗的缆绳。绝缘斗臂车带有高空作业装置，比一般车辆重，重心也较高。因此不能急刹车，不能急拐弯，以防止发生翻车事故。在下雪天，为防止各机械及操作装置冻结，要装好工作斗外罩。

(3) 将取力器开关关闭，确认电源指示灯熄灭，取力器脱开。取力器开关在接通的状态下行驶，因油压发生装置处于工作状态，可能造成工作臂等装置动作和油压发生装置的损坏。

(4) 轮胎的气压过低会降低行驶的安全性，轮胎的气压要保持在规定的压力范围内，更换轮胎时，要使用规定的轮胎。

(5) 在长坡道、雨天、冰冻及积雪路面上行驶时，因刹车性能减弱，要控制车辆的行驶速度。

(6) 行驶在有高度限制的道路上，要注意不要使工作臂部分和工作斗碰到建筑物上，作业车的总高度标示在驾驶室内的铭牌上。在松软的道路、木桥及有重量限制的道路上行驶时，应先确认能否行驶。

(7) 在工具箱及装载区堆放工具等物品，装载时不许偏载，不许超载，要可靠地固定，以防因行驶中的振动而倒塌。在行驶前，要可靠地关闭工具箱的门并加上锁。

(8) 作业车因有高空作业装置，后方的视野较差，在倒车时，必须有人指挥，按照指挥者的指令驾驶。

(9) 由高空作业装置上掉下来的液压油或润滑脂等沾在前挡风玻璃上时，会使视线变差，要注意清除。

3. 作业前的注意事项

(1) 绝缘斗臂车的操作员必须经过专业的技术培训，并且由接受任务的操作员来进行操作。作业时，必须佩戴安全用具，正确穿着服装。在带电线路上及带电线路附近作业时，一定要使用规定的绝缘防护用具。破损的绝缘用具有触电的危险，绝对不允许使用。过度疲劳和饮酒后不得驾驶绝缘斗臂车。

(2) 注意加强绝缘斗臂车的保养管理工作，加强安全作业的意识。确定作业指挥员，并遵从指挥员的指示进行作业。天气情况恶劣、下雨及绝缘工作斗等部件潮湿时，应停止使用绝缘斗臂车。

恶劣天气的标准为：强风，10min 内的平均风速大于 10m/s；大雨，一次降雨量大于 50mm；大雪，一次积雪量大于 25mm。

平均风速在离开地面的高度越高时就越大，在离地面高度超过 10m 时，应考虑风速的因素，作业高度处的风速应不超过 10m/s。

(3) 夜间作业时，应确保作业现场的亮度，操作装置部分更要明亮些，以防止误操作。

（4）灰尘及水分附着在工作斗、工作斗内衬、绝缘工作臂上时，会使绝缘性能下降，作业前，必须使用柔软干燥的布擦净。如发现有裂纹、破损处，应立即到指定的维修点进行修理，当工作斗有潮湿、水分、污垢等情况时，不能完全确保其绝缘性能。

（5）在进行带电作业及接近带电线路作业时，车辆必须做好接地工作。

4. 作业时的注意事项

（1）在进行作业时，必须伸出水平支腿，可靠地支撑车体，确认着地指示灯亮后，再进行作业。水平支腿未伸出支撑时，不得进行旋转动作，否则车辆有发生倾翻的危险（装有支腿张幅传感器及电脑控制作业范围的车辆除外）。在固定水平支腿时，不要使水平支腿支撑在路边沟槽上，沟槽盖板破损时，会引起车辆倾翻。

（2）斗内工作人员要佩戴安全带，将安全带的钩子挂在安全绳索的挂钩上。不要将可能损伤工作斗、工作斗内衬的器材堆放在工作斗内，当绝缘工作斗出现裂纹、伤痕等时，会使其绝缘性能降低。工作斗内请勿装高于工作斗的金属物品，工作斗中金属部分接触到带电导线时，有触电的危险。任何人不得进入工作臂及其重物的下方。火源及化学物品不得接近工作斗。

（3）操作工作斗时，要缓慢动作。急剧地操纵操作杆，动作过猛有可能使工作斗碰撞较近的物体，造成工作斗损坏和人员受伤。在进行反向操作时，要先将操作杆返回到中间位置，使动作停止后扳到反向位置。斗内人员工作时，不要使物品从斗内掉出去。

（4）工作中还要注意以下情况：作业人员不得将身体越出工作斗之外，不要站在栏杆或踏板上进行作业。两腿要可靠地站在工作斗底面，以稳定的姿态进行作业。不要在工作斗内使用扶梯、踏板等进行作业，不要从工作斗上跨越到其他建筑物上，不要使用工作臂及工作斗推拉建筑物，不要在工作臂及工作斗上装吊钩、缆绳等起吊物品，工作斗不得超载。

5. 冬季及寒冷地区的注意事项

在冬季室外气温低及降雪等情况下进行作业时，因动作不便可能引起事故，应注意以下情况：

（1）在降雪后进行作业，一定要先清除工作臂托架的限位开关等安全装置、各操作装置及其外围装置、工作臂、工作斗周围部分、工作箱顶、运转部位等部位的积雪，确认各部位动作正常后再进行作业。

（2）清除积雪时，不要采用直接浇热水的方法，防止热水直接浇在操作装置部位、限位开关部位及检测器等的塑料件上，因温度的急剧变化有可能产生裂痕或开裂，同时也会造成机械装置的故障。

（3）开关及操作杆有可能比正常情况重一些，这是由于低温使得各操作杆的活动部分略有收缩引起的，功能方面不会有问题。在动作之前，多操作几次操作杆，并确认各操作杆都已经返回到原始位置之后，再进行正常作业。由于同样的原因，工作臂在动作中可能出现“噗”或“噼”的声音，通过预热运转，随着油温及液压部件温度上升，这些声音会随之消失。

（4）作业人员在上下工作斗时，工具箱的上部、车顶踏板处容易滑倒，应小心。

（5）下雪天作业之后，在收回工作臂前，先清除工作臂托架上的限位开关处的积雪，然后再收回工作臂。如果不先清除积雪就收回工作臂，就会使积雪冻结，引起安全装置动作不可靠等问题。

(6) 在积雪道路上行使时，将车轮挡泥罩上的凝雪清除干净。

6. 其他注意事项

(1) 使用易燃物（燃料、油漆等）要远离火源。

(2) 禁止对车辆进行自行改造。

四、绝缘斗臂车的维护和保养

1. 液压油的使用及更换

如果长期使用液压油而不进行更换，在液压油的清洁度降低或变质后，液压油的电气性能会降低，从而影响绝缘斗臂车的性能，所以对液压油有以下几点要求：

(1) 在购新车使用100h或一个月（计数器读数）后，进行第一次液压油的更换。以后每1200h或12个月更换一次液压油。

(2) 加油时，油位控制在游标的H～L之间。

(3) 每次更换液压油时，都要清洗油箱，清洗或更换回油过滤器及吸油过滤器的滤芯。

2. 润滑

按规定的周期对车辆进行润滑保养，将提高整车的性能，延长绝缘车的使用寿命。润滑要求如下：

(1) 按车辆的润滑图给各部位加油。

(2) 每30h或每周一次对以下部件进行润滑：起吊部、摆动部、工作斗回转轴、平衡油缸、升降油缸、工作臂轴、回转臂轴。

(3) 每100h或一个月、800h或6个月对以下部件进行润滑：中心回转体、转动轴。

(4) 以下部位每1200h或12个月更换一次油脂（第一次更换的时间为100h或1个月）：小吊减速机齿轮油、同轴减速器齿轮油。

3. 车辆保管注意事项

(1) 经常清洗或清扫各部位。不要用高压水冲洗，冬季要防止冻结。

(2) 将车辆停放在干燥的室内，特殊情况需停放在室外时，要选择平坦的地面停车，并盖上篷布。

(3) 为了保护底盘的悬簧，保管时必须撑起垂直支腿。在屋顶较低的室内，应注意防止工作斗及工作臂碰到屋顶而损伤。

(4) 车辆在长期存放中，油缸的活塞杆上要涂上防锈油，每1个月发动一次发动机，防止润滑部分出现油膜断开的现象。

思　考　题

1. 绝缘斗臂车有哪些类型？

2. 试简述绝缘斗臂车的工作原理。

3. 绝缘斗臂车在作业前，应进行哪些检查？

第三章 安全防护用具

第一节 高处作业安全防护用具

一、安全帽

安全帽是防止冲击物伤害头部的防护用品。如图 3-1 所示，安全帽由帽壳、帽衬、下颏带和后箍组成。帽壳呈半球形，坚固、光滑并有一定弹性，打击物的冲击和穿刺动能主要由帽壳承受。帽壳和帽衬之间留有一定空间距离，一般为 3～5cm，可缓冲、分散瞬时冲击力，从而避免或减轻对头部的直接伤害，一顶完整的安全帽，重量应尽可能减轻，不应超过 400g。

安全帽应满足冲击吸收性能、耐穿刺性能、侧向刚性、电绝缘性、阻燃性等基本技术性能的要求。

图 3-1 安全帽

(1) 冲击吸收性能试验。用三顶安全帽分别在(50±2)℃（矿井下用安全帽 40℃）、(-10±2)℃及浸水三种情况下处理，然后用 5kg 钢锤自 1m 高度落下进行冲击试验，头模所受冲击力的最大值均不应超过 500N。

(2) 耐穿透性能。根据安全帽的材质选用（50±2)℃、(-10±2)℃及浸水三种方法中的一种进行处理，然后用 3kg 钢锥自 1m 高度落下进行试验，钢锥不应与头模接触。

(3) 侧向刚性。用 GB/T 2812—2006《安全帽测试方法》规定的方法给安全帽横向加 4300N 压力，帽壳最大变形不应超过 40mm，卸载后变形不应超过 15mm。

(4) 电绝缘性能。交流 1200V 耐压试验 1min，泄漏电流不应超过 1.2mA。

(5) 耐燃烧性能。用 GB/T 2812—2006《安全帽测试方法》规定的火焰和方法燃烧安全帽 10s，移开火焰后，帽壳火焰在 5s 内应能自灭。

安全帽是用来保护施工人员头部的，进行杆塔等高处作业时，必须佩戴。

二、安全带

安全带是高处作业人员用于预防坠落伤亡的防护用器，由腰带、保险绳、腰绳和金属配件组成，总称安全带。为了防止作业者在某个高度和位置上可能出现的坠落，作业者在登高和高处作业时，必须系挂好安全带。

安全带类型有围杆绳式单保险安全带、围杆绳式双保险安全带、全身式双保险安全带（也称双背双保险安全带）。带电作业主要使用的是全身式双保险安全带，如图 3-2 所示。这种安全带有两条安全绳，安全绳通过缓冲器连接到背部或腰部的圆环（或半圆环、D 形环），每条安全绳配有自锁式大挂钩，也可配一大一小自锁式挂钩。缓冲器可以减缓坠落式的冲击力，避免冲击力过大使作业人员受到伤害，同时能减小对安全绳的冲击。

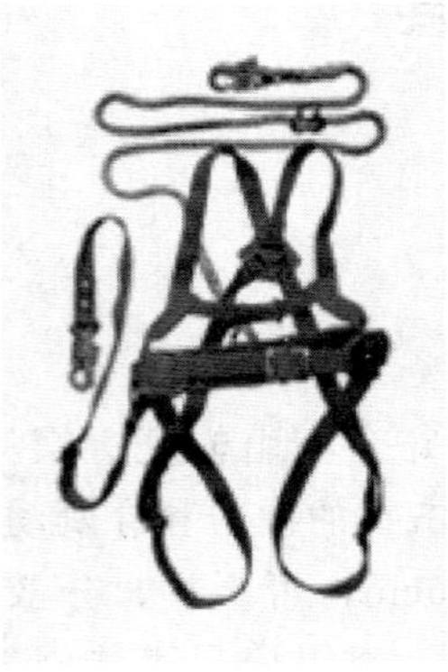
图 3－2　全身式双保险安全带

安全带在使用前，应对安全带进行检查，检查绳带有无变质、卡环是否有裂纹，卡簧弹跳性是否良好。安全带的使用和维护有以下几点要求：

（1）思想上必须重视安全带的作用。无数事例证明，安全带是“救命带”。可是有少数人觉得系安全带麻烦，上下行走不方便，特别是一些小活、临时活，认为“有扎安全带的时间活都干完了”。殊不知，事故发生就在一瞬间，所以高处作业必须按规定要求系好安全带。

（2）高处作业如安全带无固定挂处，应采用适当强度的钢丝绳或采取其他方法。禁止把安全带挂在移动或带尖锐棱角或不牢固的物件上。

（3）高挂低用。将安全带挂在高处，人在下面工作就叫高挂低用。这是一种比较安全合理的科学系挂方法。它可以使有坠落发生时的实际冲击距离减小。与之相反的是低挂高用。就是安全带拴挂在低处，而人在上面作业。这是一种很不安全的系挂方法，因为当坠落发生时，实际冲击的距离会加大，人和绳都要受到较大的冲击负荷。所以安全带必须高挂低用，杜绝低挂高用。

（4）安全带要拴挂在牢固的构件或物体上，要防止摆动或碰撞，绳子不能打结使用，钩子要挂在连接环上。

（5）安全带绳保护套要保持完好，以防绳被磨损。若发现保护套损坏或脱落，必须加上新套后再使用。

（6）安全带严禁擅自接长使用。如果使用 3m 及以上的长绳必须要加缓冲器，各部件不得任意拆除。

（7）安全带在使用前要检查各部位是否完好无损。安全带在使用后，要注意维护和保管。要经常检查安全带缝制部分和挂钩部分，必须详细检查捻线是否发生裂断和残损等。

（8）安全带不使用时要妥善保管，不可接触高温、明火、强酸、强碱或尖锐物体，不要存放在潮湿的仓库中保管。

（9）安全带在使用两年后应抽验一次，频繁使用应经常进行外观检查，发现异常必须立即更换。定期或抽样试验不通过的安全带，不准再继续使用。

三、防坠器

防坠器是高空作业时，用于防止人体坠落的一种防护装置，一般可分为速差式防坠器、导轨式防坠器。速差式防坠器是一种安装在挂点上，装有可伸缩长度的保护绳和绳（带）、钢丝带串联在安全带和挂点之间，当人体坠落时，可利用速度的变化进行内部自锁并进行制动的装置，图 3－3 为钢丝绳防坠器，这种防坠器是作业人员爬杆塔过程中防止高空坠落用的。防坠器扣在防坠钢丝绳上，另一端的扣环扣在安全带的胸前 D 形环上。

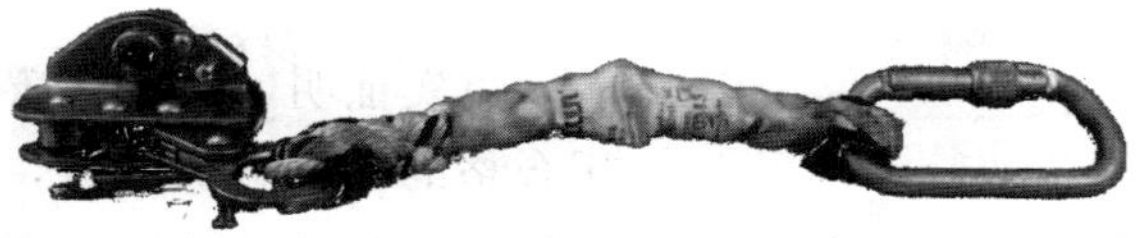

图 3-3　钢丝绳防坠器

思　考　题

1. 对安全帽的重量、帽壳和帽衬之间的空间距离有何要求？
2. 安全帽应满足哪些基本性能要求？
3. 对安全带的使用有哪些基本要求？

第二节　绝缘遮蔽罩

一、概述

由绝缘材料制成，在配电线路带电作业中使用，用于遮蔽带电导体或不带电导体部件的保护罩，即绝缘遮蔽罩（护罩），部分绝缘遮蔽罩如图 3-4 所示。在带电作业用具中，遮蔽罩不起主绝缘作用，它只适用于在带电作业人员发生意外短暂碰撞时，即擦过接触时，起绝缘遮蔽或隔离的保护作用。

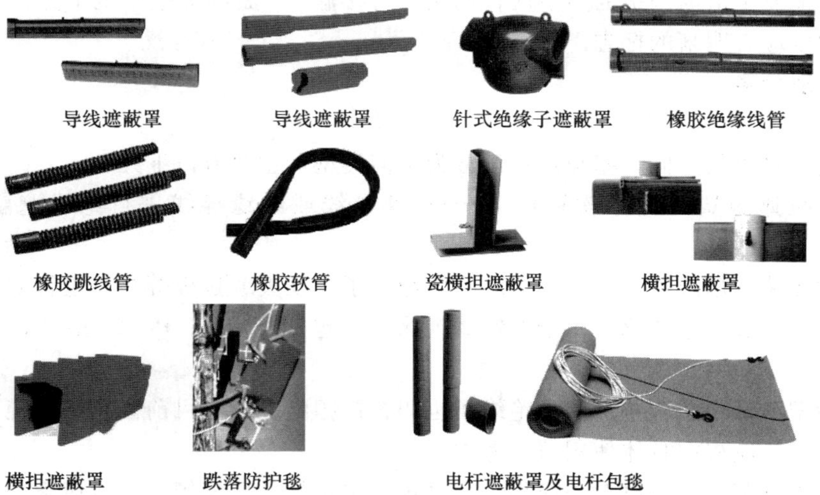

图 3-4　绝缘遮蔽罩

绝缘遮蔽与绝缘隔离是 10kV 配电带电作业的一项重要安全保护措施。10kV 及以下配电设备的带电作业，一直是带电作业中的一个薄弱环节。由于配电电力设备的空气间隙小，作业的安全距离小，使配电带电作业的开展受到了一定限制。特别是对于直接向用户供电的 10kV 电力设备，对供电可靠性的要求更高，迫切要求研究改进配电带电作业的方法和工具，以提高配电带电作业的安全可靠性，图 3－5 为用绝缘遮蔽罩进行配电线路带电作业实景图。

图 3－5 利用绝缘遮蔽罩进行带电作业实景

事实证明，采用完善的绝缘遮蔽措施，使用合格的安全防护工具，可以防止人身事故的发生，在配电带电作业中起到了重要的安全防护作用。因此，在比较复杂的多类配电设备上，正确研制或使用各类合格的绝缘遮蔽罩是十分重要的。

二、适用范围

在配电电力设备上带电作业时，由于安全距离小，在人体与带电体之间，安装一层绝缘遮蔽罩或挡板，来弥补空气间隙的不足，这种做法通常称为绝缘隔离措施。因为遮蔽罩或挡板与空气组合而成了组合绝缘，延伸了气体放电路径，因此可提高放电电压值。这种措施虽可以提高放电电压，但提高的幅度是有限的。因此采用这种防护工具应注意：①它只限于 10kV 及以下电力设备的带电作业；②它不起主绝缘作用，但允许偶尔短时“擦过接触”，主要还是限制人体活动范围；③遮蔽罩应与人体安全保护用具并用。

绝缘遮蔽罩本身有它自己的保护区，它是指在模拟使用状态下，施加一定的试验电压时，既不产生闪络，也不发生击穿的那部分外表面。而对与带电导体接触的遮蔽罩边缘地带，是有可能发生沿面闪络的边沿区，仍然不可接触，“擦过接触”也不允许。因此，遮蔽罩的保护区应有明晰的标志。

三、产品分类

1. 类型

根据遮蔽对象的不同，遮蔽罩可以分为不同类型，主要有以下几种：

（1）导线遮蔽罩（绝缘软管）。用于对裸导线或绝缘导线进行绝缘遮蔽的套管式护罩。

（2）耐张装置遮蔽罩。主要用于对耐张绝缘子、线夹或拉板等金具进行遮蔽的护罩。

（3）针式绝缘子遮蔽罩。用于对针式绝缘子，包括 P－15、P－20 型针式绝缘子进行遮蔽的护罩。

（4）棒型绝缘子遮蔽罩。棒型绝缘子也叫瓷横担绝缘子，目前国家尚无统一标准，因此其遮蔽罩设计应根据具体使用情况考虑。

（5）横担遮蔽罩。用以对铁横担、木横担（也包括低压横担）进行遮蔽的护罩。

（6）电杆遮蔽罩。用以对电杆或其头部进行遮蔽的护罩。

（7）套管遮蔽罩。用以对开关等设备的套管进行遮蔽的护罩。

（8）跌落式开关遮蔽罩。用于对变压器台和线路上的跌落开关，包括其接线端子进行遮蔽的护罩。

（9）隔板。用以隔离带电部件，限制带电作业人员活动范围的绝缘平板。

（10）绝缘毯。用于包缠各类带电或不带电导体部件的软形绝缘毯。

（11）特殊遮蔽罩。用于某些特殊绝缘遮蔽用途而专门设计制作的护罩。

2. 系列

按电力设备的运行电压等级划分遮蔽罩的系列，可分为以下系列：系列 1－S3 用于 3kV 及以下电力设备；系列 2－S6 用于 6kV 电力设备；系列 3－S10 用于 10kV 电力设备。

四、技术要求

绝缘遮蔽罩应由吸湿性小的绝缘材料制成，所选择的绝缘材料应能满足在一定高温和低温情况下所要求的电气和机械性能，需进行电气与机械性能试验。

在制作遮蔽罩工艺上，应满足以下技术要求：

（1）遮蔽罩的主体表面应光滑，其外部和内部在加工上应避免粗糙，诸如小孔、接缝裂纹、破口、不明杂物、磨损擦伤、明显的机械加工痕迹等。

（2）为便于现场安装使用，其长度不超过 1.5m，在保证电气性能的前提下，其余尺寸也应减到最小。

（3）在遮蔽罩的外表面上，应标记出清晰的保护区范围。

（4）每个遮蔽罩的端部应根据需要，考虑与其他遮蔽罩相连接，且便于进行组装，连接处应不出现间隙，并能承受所要求的电气试验。

（5）用于间接作业用的遮蔽罩均应考虑在现场能用操作杆进行安装，所以屏蔽罩在结构上应有提环、筒眼、挂钩等部件。

（6）遮蔽罩上应设有一个或多个闭锁部件，防止在使用中或在外力作用下突然滑落。闭锁部件应便于闭锁或开启，而且能用操作杆进行操作。如果无闭锁部件，也可采用绝缘夹夹紧。

五、使用注意事项

（1）设置遮蔽用具时应使用绝缘操作杆或戴绝缘手套，不得“赤手”进行。

（2）对带电部件设置绝缘遮蔽用具时，应按照从近到远、从低到高的原则；拆除遮蔽用具时，应按照从远到近、从高到低的原则。

（3）遮蔽用具接合处应有大于 15cm 的重合部分。

（4）如遮蔽用具有脱落的可能，应采用绝缘夹或绝缘绳绑扎，以防脱落。

思　考　题

1. 绝缘遮蔽罩有何作用？它能否作为主绝缘？
2. 按电力设备的运行电压等级划分，绝缘遮蔽罩分为哪些系列？
3. 绝缘遮蔽罩使用时应注意哪些事项？

第三节　绝缘袖套和绝缘手套

一、绝缘袖套

绝缘袖套指用绝缘材料制成的、保护作业人员接触带电体时免遭电击的袖套，如图 3－6所示。

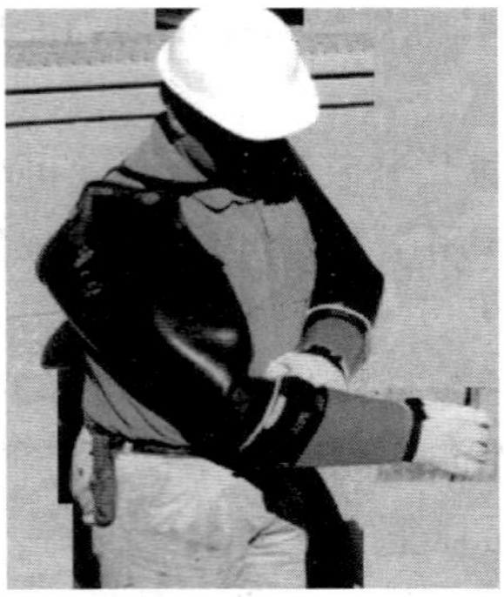

图 3-6　穿戴绝缘袖套进行带电作业

(一) 分类

绝缘袖套按电气性能分为 0、1、2、3 四级。适用于不同系统标称电压的袖套分级见表 3-1。

具有特殊性能的绝缘袖套按性能分为 5 种类型，分别为 A、Z、C、H、S 型，即耐酸、耐臭氧、耐低温、耐油、耐油和臭氧型。

表 3-1　绝缘袖套的额定电压

级别	(交流有效值) 电压/V	级别	(交流有效值) 电压/V
0	380	2	10000
1	3000	3	20000

(二) 要求

1. 外形尺寸及允许偏差

直筒式袖套和曲肘式袖套的形状分别如图 3-7 (a) 和 (b) 所示，尺寸及允许误差见表 3-2。

表 3-2　绝缘袖套的规格　单位：mm

式样	号型	标识	尺寸			
			A	B	C	D
式样 A，图 3-7 (a) 直筒式	小号	S	630	370	270	140
	中号	M	670	410	290	140
	大号	LG	720	450	330	175
	加大号	XLG	760	500	340	175
	允许误差		15	15	15	5
式样 B，图 3-7 (b) 曲肘式	小号	S	630	370	290	145
	中号	M	670	410	310	145
	大号	LG	710	420	330	175
	加大号	XLG	750	460	330	180
	允许误差		15	15	15	5

2. 厚度

袖套应具有足够的弹性且平坦，表面橡胶最大厚度（不包括肩边、袖边或其他加固的边）必须符合表3-3的规定。A类、H类、Z类袖套可以超过最大厚度，但附加厚度应小于0.6mm。

表3-3　最大橡胶厚度

级别	厚度/mm	级别	厚度/mm
0	1.0	2	2.0
1	1.5	3	2.9

3. 工艺及成型

（1）袖套应采用无缝制作方式，袖套上为连接所留的小孔必须用非金属加固边缘，直径为8mm。

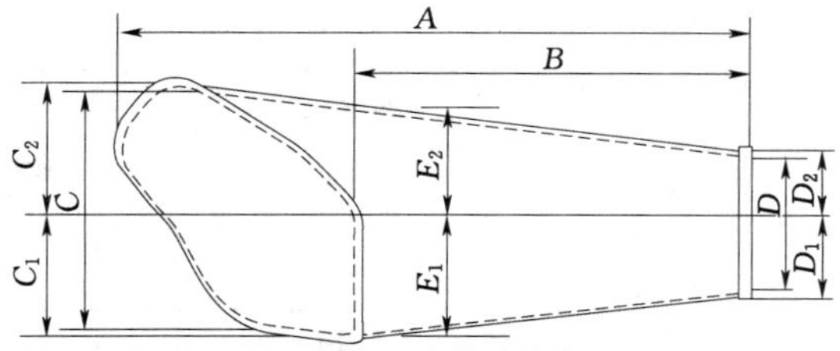

(a)式样A，直筒式袖套

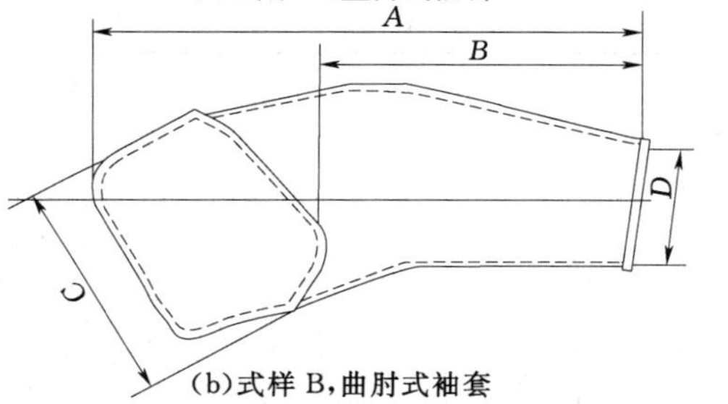

(b)式样B，曲肘式袖套

图3-7　两种样式的绝缘袖套

（2）袖套内、外表面应不存在有害的不规则性。有害的不规则性是指具有下列特征之一：破坏其均匀性，损坏表面光滑轮廓的缺陷，如小孔、裂缝、局部隆起、切口、夹杂导电异物、折缝、空隙、凹凸波纹及铸造标志等。无害的不规则性是指在生产过程中造成的表面不规则性。如果其不规则性属于以下状况，则是可以接受的：

1）凹陷的直径不大于1.6mm，边缘光滑，当反面包敷于拇指扩展时，正面可不见痕迹。

2）袖套上如1）中描述的凹陷在5个以下，且任意两个凹陷之间的距离大于15mm。

3）当拉伸该材料时，凹槽、突起部分或模型标志趋向于平滑的平面。

二、绝缘手套

带电作业用绝缘手套是指在高压电器设备上进行带电作业时起电气绝缘作用的手

套，该手套区别于一般劳动保护用的安全防护手套，要求具有良好的电气性能，较高的机械性能，并具有良好的服用性能，手套用合成橡胶或天然橡胶制成，其形状为分指式。

（一）规格

根据不同的电压等级，手套分为1、2两种型号，1型适用于在6kV及以下电器设备上工作，2型适用于在10kV及以下电器设备上工作。

（二）技术要求

1. 电气特性

手套必须具有良好的电气绝缘特性，达到表3-4规定的耐压水平。试验电压波形、试验条件和试验程序应符合GB/T 17622—2008《带电作业用绝缘手套通用技术条件》的规定。采用以下电气试验：①交流验证电压试验；②交流耐受电压试验；③泄漏电流试验；④直流验证电压试验；⑤直流耐受电压试验。试验接线图如图3-8所示。

表3-4　绝缘手套电气性能要求

<table>
<tr><th rowspan="4">型号</th><th rowspan="4">标称电压/kV</th><th colspan="5">交流试验</th><th colspan="2">直流试验</th></tr>
<tr><th rowspan="3">验证试验电压/kV</th><th rowspan="3">最低耐受电压/kV</th><th colspan="3">泄漏电流/μA</th><th rowspan="3">验证试验电压/kV</th><th rowspan="3">最低耐受电压/kV</th></tr>
<tr><th colspan="3">手套长度/mm</th></tr>
<tr><th>360</th><th>410</th><th>460</th></tr>
<tr><td>1</td><td>6</td><td>10</td><td>20</td><td>14</td><td>16</td><td>18</td><td>20</td><td>40</td></tr>
<tr><td>2</td><td>10</td><td>20</td><td>30</td><td>14</td><td>16</td><td>18</td><td>30</td><td>60</td></tr>
</table>

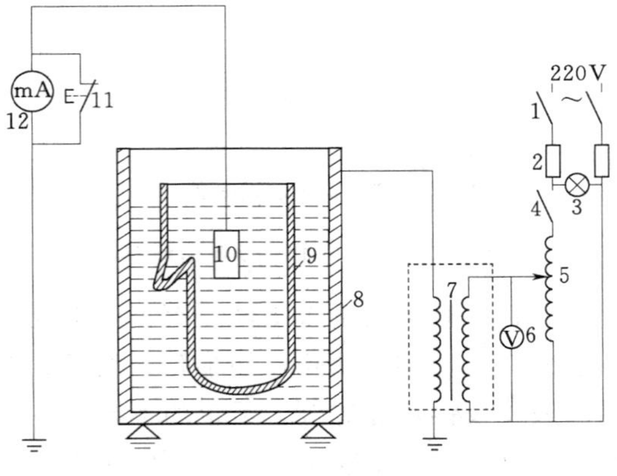

图3-8　交流电气性能试验装置接线示意图

1—刀开关；2—可断熔丝；3—电源电源指示灯；4—过负荷开关；5—调压器；6—电压表；7—变压器；8—盛水金属器皿；9—试样；10—电极；11—毫安表短路开关；12—毫安表

试验应在环境温度为（23±2）℃的条件下进行。对于型式试验和抽样试验，手套应浸入水中进行（16±0.5）h预湿。

将预湿的被试手套内部注入电阻率不大于 7500Ω·cm 的水，然后进入盛有相同水的器皿中，并使手套内外水平面呈相同高度。水中应无气泡和气隙。试验前，手套上端露出水面部分应擦干。

2. 机械性能

（1）拉伸强度及扯断伸长率。平均拉伸强度应不低于 14MPa。平均拉断伸长率应不低于 600%。

（2）拉伸永久变形。拉伸永久变形不应超过 15%。

（3）抗刺穿力。绝缘手套的抗机械刺穿力应不小于 18N/min。

3. 耐老化性能

经过耐老化试验的手套，拉伸强度和扯断伸长率所测值应为未进行耐老化试验手套所测值的 80%以上。拉伸永久变形不应超过 15%。

4. 耐燃性能

经过燃烧试验后的试品，在火焰退出后，观察试品上燃烧试验火焰的蔓延情况。经过 55s，如果燃烧火焰未蔓延至试品末端 55mm 基准线外，则试验合格。

5. 耐低温性能

将成品手套及聚乙烯板置于温度为（−25±3)℃的低温容器中 1h，在室温为（23±2)℃时取出后 1min 内，在手套腕部折叠。手套经过耐低温试验后，在受力情况下经目测应无破损、断裂和裂缝出现。并应在不经过吸潮预处理的情况下，通过绝缘试验。

（三）工艺及外观检查

对于型式试验、常规试验和抽样试验，应进行外观检查和厚度检查。

1. 外观检查

手套表面必须平滑，内外面应无针孔、疵点、砂眼、杂质、修剪损伤、夹紧痕迹等各种明显缺陷和明显的波纹及明显的铸模痕迹。不允许有染料溅污痕迹。

手套表面出现小的凹陷、隆起或压痕时，如果满足下述要求，不应视为废品：

（1）直径不大于 1.6mm，圆弧形边缘及其表面没有明显的破裂，在反面用拇指展开时看不见痕迹。凹陷不应超过 3 处，且任意两处间距不小于 15mm。

（2）套的手掌和分叉处没有这些缺陷。

（3）隆起仅为小块凸起橡胶，容易用手指除去，不影响橡胶的弹性。

2. 厚度检查

其外观检查以目测为主，并用量具测定缺陷程度，长度用精度为 1mm 的钢直尺测量，厚度用精度为 0.02mm 的游标卡尺测量。

思　考　题

1. 绝缘袖套按电气性能可分为哪几个类型？按特殊性又可分为哪些类型？

2. 绝缘手套按电气性能可分为哪几个类型？如何对绝缘手套进行外观检查？

第四节 绝缘服、绝缘鞋

一、绝缘服

作业人员身穿整套绝缘服在配电线路上作业时，一般采用两种方法。第一种方法是身穿全套绝缘服通过绝缘手套直接接触带电体，这一方法在国外已被广泛采用。绝缘服作为人体与带电体间的绝缘防护，可以解决配电线路净空距离过小的问题，但是考虑到绝缘护具本身耐受电压的安全裕度及使用中可能产生磨损，因此，在直接作业中仅作为辅助绝缘而不作为主绝缘，作为相对地的绝缘是高空作业车的绝缘臂或绝缘平台，相间的绝缘防护是空气间隙及绝缘遮蔽罩。第二种方法是通过绝缘工具进行间接作业，绝缘工具作为主绝缘，绝缘服和绝缘手套作为人身安全的后备保护用具。

绝缘服包括绝缘衣、裤、帽、肩套、袖套、胸套、背套等。目前，绝缘服按材质主要划分为橡胶制品、树脂 E. V. A 制品、塑料制品等。国外现有两种绝缘服应用于配电网带电作业：一种是由袖套、胸套、背套组成的组合式绝缘服；一种是由上衣、裤子组成的整套式绝缘服。一般来说，绝缘服不仅应具有高电气绝缘强度，而且应有较好的防潮性能和柔软性，使作业人员在穿戴绝缘服后仍可便利地工作。绝缘服的电气技术要求见表 3-5。

表 3-5　　绝缘服的电气技术要求

项目	额定电压/kV	绝缘服厚度/mm	工频耐压/kV	耐压时间/min
要求	6～10	2.0	20	3

为开展 10kV 配电线路的带电作业，国内部分单位分别从国外购进了绝缘服，价格昂贵。国内目前也研制出适用于我国 10kV 配电网的带电作业的绝缘服，研制的绝缘服应具有以下特点：

(1) 外表层材料应具有憎水性、防潮性能好、沿面闪络电压高、泄漏电流小的特点，即使绝缘服短接两相线路，也应确保人员及设备安全。另外，绝缘服还应具有一定的机械强度、耐磨、耐撕裂性。

(2) 内衬材料应选用高绝缘强度材料，且憎水性、柔软性好，层向击穿电压高，具有一定的机械强度，起主绝缘作用。

(3) 内层衬里应柔软，服用性能好。为满足 6～10kV 配电网带电作业的安全及技术要求，该绝缘服的电气和机械性能应达到：击穿电压 $U_1>38$kV，工频耐压 $U_2>20$kV/3min，沿面工频耐压 $U_3>100$kV/0.4m。

二、绝缘鞋

绝缘鞋（靴）是配电线路带电作业时使用的辅助安全用具。

(一) 绝缘鞋电气性能要求

绝缘鞋（靴）的电气性能要求如表 3-6 所示。

表 3－6　　电气性能要求

序号	项目	出厂检查	预防性检查
1	工频电压/kV	20	15
2	泄漏电流不大于/μA	10	7.5
3	试验时间/min	2.0	1.0
4	检查周期		半年一次

（二）绝缘鞋使用注意事项

绝缘鞋（靴）只能在规定的范围内作辅助安全用具使用，为确保使用安全，其预防性检验周期不应超过 6 个月。

穿用绝缘鞋（靴）应避免接触锐器，防止机械损伤，同时还应避免接触高温、油、酸、碱和腐蚀性物质。

思　考　题

1. 绝缘服一般使用在何种场合？它的工频耐压是多少？
2. 对绝缘服有何要求？

第五节　屏　蔽　服

带电作业屏蔽服又叫等电位均压服，是采用均匀的导体材料和纤维材料制成的服装。其作用是在穿用后，使处于高压电场中的人体外表面各部位形成一个等电位屏蔽面，从而保护人体免受高压电场及电磁波的危害。成套的屏蔽服装应包括上衣、裤子、帽子、袜子、手套、鞋及其相应的连接线和连接头。

虽然电场对人体不会产生危害健康、不可恢复的生物生理影响，但是有一点是可以肯定的，就是生物处在交变电场中，由于活生物体的导电性，相当于导电体处在交变电场中，在生物体内产生交变的静电感应电流。实践也告诉我们，在交变电场中的人体确有感应电流。例如，处在电场强度为 10kV/m 的无畸变电场中的带电作业工人，在没有接触带电的导线之前，可能感觉不到这个电场的存在，如接触带电导线后，脸部会感觉到“吹风感”（似微风吹拂面部的感觉）、“蜘蛛网感”（似蜘蛛丝黏在脸上的感觉）和“蚂蚁咬”（似蚂蚁咬的感觉）。其感觉的程度与流过人体的电容电流大小以及诸如皮肤的潮湿、皮肤有无损伤和电流流过人体的部位等因素有关。它可以使人感到不舒服。处于等电位的人，当屏蔽服某部分接触不良时会产生“针刺”或“蚂蚁咬”的感觉。这些现象说明处于交变电场中的人体会产生感应电流。

此外，当站在地面或铁塔上的人员接触电场中不接地的大型金属物体时，会有类似触电的感觉，其感受的程度，视流经人体的该金属物体的电容电流大小而定，也就是说与该金属物体所处电场大小和其体积有关。

不管感应电流对人体是否会造成直接影响，但起码会产生上述不舒服的感觉。上述情况如果发生在高空，偶然的电击还往往会造成工具或仪器、甚至是作业者本人高空跌落事故，因此有必要对电场中的人体作防护。

对电场作防护的最简单的方法就是根据“法拉第笼”原理进行屏蔽。屏蔽装置可以是固定的金属框栏，也可以是金属丝（或导电纤维）与其他纤维混纺的金属导电服，也称屏蔽服。屏蔽服就是一个柔软的“法拉第笼”。

屏蔽服为什么能屏蔽电场呢？这就要说到“法拉第笼”原理了。

法拉第是19世纪一名英国物理学家，为了验证在金属筒内有没有电场，法拉第本人手持验电器（用线悬挂着的两个金属小球）进入到带有高压电的金属笼子里，验电器表明笼子里没有电荷。给验电器另外带上电荷后，验电器动作，就跟在没有电场的情况一样，不受笼子外电场的影响。这个试验证明了在金属笼子内不存在着电场。这就是有名的“法拉第笼”。

为什么在金属笼子内不存在电场呢？如图3-9所示。

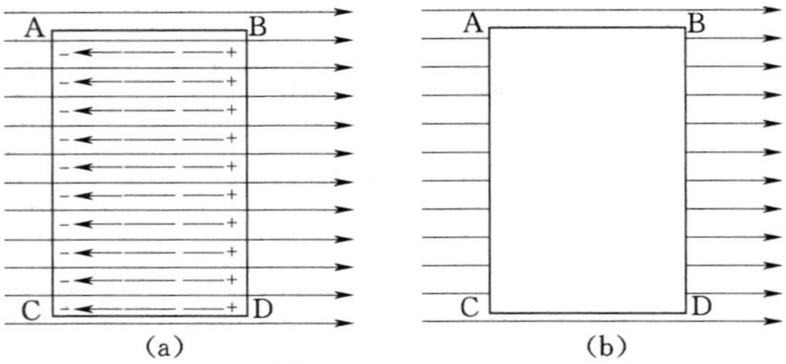

图3-9 法拉第笼原理图

如果我们把一个金属笼放到均匀电场中，如图3-9（a）所示，金属笼中的自由电子在电场的作用下发生静电感应，在AC平面上积累电子，出现大量的负电荷，在BD平面上由于失去电子，将出现同样数量的正电荷。堆积在BD和AC两侧的正负电荷在金属笼内部形成了一个附加电场，图3-9（a）中虚线前头表示的就是这个附加电场的电力线。由于附加电场和导体外部电场的方向相反，这就使得金属筒内部的电场强度减弱，直到内部电场消失为止，从而达到静电平衡。这就是电力线不能穿透到金属筒内部，即金属筒内部的电场强度为零的道理。这也就是屏蔽服能够屏蔽电场于衣服外的道理。

一、屏蔽服发展的三个阶段

（1）初始阶段。最初研制的屏蔽服有两种结构。一种是将多股细铜丝编织在普通的工作服内，这种屏蔽服不仅屏蔽效果差、服用性能差，而且不耐用（编织铜丝很容易折断）。另一种是采用化学镀银的方法，在普通工作服上利用“银镜反应”镀上一层薄银（或铜），使其具有导电性能。这种屏蔽服的耐用性也很差，在使用和洗涤几次后，银（铜）层很容易脱落。因此，这两种结构的屏蔽服很快就被淘汰。

（2）发展阶段。经过反复繁荣探索和试验，采用很细的铜丝与阻燃纤维混纺，编织成导电服。其屏蔽效果和服用性能都比第一阶段的结构有很大的提高，基本满足了需要。

（3）成熟阶段。自从我国500kV电网出现后，由于场强的增高，人们对屏蔽服的性能提出了更高的要求。因此，研制出采用特种合金纤维（一般为不锈钢纤维）作为导电材料，与阻燃纤维混纺成屏蔽服布料，再加工而成的屏蔽服。由于合金纤维极细，所以加工成的屏蔽服衣料和普通日用衣料一样的柔软，使屏蔽服的性能从根本上得到了改善。可以说，我国制造屏蔽服的技术已达到较完善的程度。

二、屏蔽服和种类

根据屏蔽服使用条件的不同，屏蔽服可分为两类：A 型和 B 型和 C 型屏蔽服。A 型屏蔽服的屏蔽效率为 40dB，其布料试样的熔断电流不得小于 5A；B 型屏蔽服的屏蔽效率为 30dB，其布料试样的熔断电流不得小于 30A；C 型屏蔽服的屏蔽效率为 40dB，其布料试样的熔断电流不得小于 30A。

三、屏蔽服的作用

屏蔽服具有以下功能：

(1) 屏蔽电场。

(2) 均压作用。

(3) 旁路电流。在人体接触和脱离具有不同电位物体的瞬间会发生充放电暂态过程，穿上屏蔽服以后，由于屏蔽服电阻小，旁路了大部分暂态放电电流，对于人体与屏蔽服组成的并联回路，流过屏蔽服的电流约为总电流的 99%。同样，屏蔽服亦旁路稳态电容电流。

(4) 代替电位转移线。穿上屏蔽服后，手套和衣服连为一体，代替了电位转移线，等电位作业人员可以直接接触带电导线和脱离导线，省去了电位转移的操作步骤，简化了作业程序。

四、对屏蔽服的要求

由于使用范围不同，其性能指标要求也各有侧重，作为超高压用的 A 型屏蔽服，应满足：①良好的屏蔽效率；②一定的阻燃能力；③较好的服用性能等要求。作为 B 型屏蔽服（即导流服），则应满足：①较大的通流容量；②适当的屏蔽效率；③较好的服用和阻燃性能等要求。其具体技术指标如下。

（一）衣料

(1) 屏蔽效率。A 型屏蔽服的屏蔽效率不小于 40dB，B 型屏蔽服的屏蔽效率不小于 30dB。

(2) 衣料电阻。在专用标准电极下测试应小于 800mΩ。

(3) 熔断电流。经、纬向衣料各取长 200mm、宽 25mm 的试样进行通流试验，A 型屏蔽服的熔断电流不得小于 5A；B 型屏蔽服的熔断电流不得小于 30A。

(4) 耐火花。经高频火花真空仪发射的高频火花在 2min 试验后，炭化破坏面积应小于 $300mm^2$。

(5) 耐燃。在专用试验柜内用标准点火布样点燃垂直悬挂的试样，其炭化长度应小于 300mm。烧坏面积应小于 $100mm^2$。

(6) 耐洗涤：对衣料样品经过 10 次“水洗—烘干”过程后，其电阻小于 1Ω，熔断电流仍不小于正常值，屏蔽效率不低于 30dB。

(7) 耐汗蚀：用模拟汗水液对衣料样品进行 3 次汗蚀试验后，其电阻仍不大于 1Ω。

(8) 耐磨：样品在圆盘式织物耐磨试验机上摩擦 500 次后，衣料电阻不得大于 1Ω，屏蔽效率不低于 30dB。

（二）成品

(1) 衣服、裤子。在电极接触面积 $1cm^2$、重量 1kg 的情况下，其任意两点间的电阻均不得大于 15Ω。

(2) 手套、短袜。在规定测试方法情况下，其电阻不得大于 15Ω。

(3) 鞋子。在规定测试方法情况下，其电阻不得大于 500Ω。

(4) 帽子。经模拟和实际测量，戴上帽子后外露面部表面场强应低于 240kV/m。

（三）整套衣服

整套屏蔽服（包括衣、裤、帽、手套和袜子）的最远端电阻不得大于 20Ω，在规定测试方法的情况下，鞋子电阻不得大于 500Ω。

人穿上屏蔽服后，流经人体的电流应小于 50μA，且帽内头顶，衣服内胸部前、后三处的场强不得超过 15kV/m，戴上帽子后外露面部表面场强应低于 240kV/m。

B 型屏蔽服通以 30A 电流 15min 后，服装的最高温升不得超过 50℃。

为了保证整套屏蔽服有较大的流通容量和较小的电阻，在上衣、裤子、手套、袜子、帽子等适当部位，应有导流线。对 A 型屏蔽服每路导流连接线的截面积应不小于 $1mm^2$，对 B 型屏蔽服每条路导流连接线的截面积应不小于 $1mm^2$，对 B 型屏蔽服每条路导流连接线的截面积不小于 $4mm^2$，并应具有适当的机械强度，使其不易折断。上衣、裤子还应有两路独立的导流线分别由左右侧接通。衣帽手套之间、裤和袜之间能够通过衣料直接接触（例如把袖口扎紧）而使其在电气上导通的话，可以分别只有一条导流线连接。

在现场，工作人员穿上整套屏蔽服后，为了测试屏蔽服性能以及检查屏蔽服各部分连接是否可靠，用万用表测量屏蔽服最远端［左手—右脚，右手—左脚，帽顶—左（右）脚］，电阻不大于 20Ω 就行了，其余指标不用测量。

有的班组是将衣服、裤、帽、手套、袜连接好铺在帆布上测量，然后再穿上，这就测量不到衣服各部分最终的连接情况是否良好。正确的做法是，作业人员穿好全套屏蔽服后，再由另一人测量上述三个最远点的电阻，同时要求两脚叉开，两手抬高，不要使衣服间形成并联点，才能检查出衣服在穿好后各部分的连接情况。

五、屏蔽服在带电作业中的防护作用

屏蔽服在带电作业中有屏蔽、均压、分流和转移电位四个作用。所以，过去把屏蔽服叫做均压服，又叫导电服。只是在制定屏蔽服国家标准的时候，为了突出它的主要功能（就是屏蔽电场，包括屏蔽电磁场波的功能）正式命名为屏蔽服。但屏蔽服的功能并非仅用于屏蔽电磁场。

在等电位作业中，电位转移时的高频电流，就是靠屏蔽服来分流的。此时，分流效果好与坏，主要决定于屏蔽服整体电阻 R_r 的大小，其分流比为（R_P 为人体表电阻）

$$\phi = \frac{I_r}{I_P} = \frac{R_P}{R_r}$$

例如，屏蔽服的电阻为 20Ω，人的电阻为 1500Ω 左右，所以在进入等电位瞬间流经人体的交流电流只占流经屏蔽服电流的 20/1500＝1/75。

又如，在带电作业中等电位作业人员误接触了断开的空载线路导线，屏蔽服的分流作用避免了线路的空载电流直接流经人体，所以有时也需要用到载流量大的 B 型屏蔽服。

至于屏蔽服在10kV中性点直接接地系统的接地保护作用，我们并不提倡。

在间接作业中，尽管电场强度不高，但是人体碰触接地体所产生的静电感应电击，有时也会使人体不堪忍受，在高空作业中往往会酿成高空摔跌事故。利用屏蔽服的分流原理，也可以作为此类静电感应的防护措施。在水冲洗中（属间接接触作业范围），有时也使用屏蔽服的导流性作为防止水柱泄漏电流流经人体的措施。

六、屏蔽服选用及使用注意事项

1. 合理选用

应按电压等级不同，选用合适的屏蔽服。如在110kV及以上的电压等级电气设备上进行带电作业时，屏蔽是主要的，应选用A型或C型屏蔽服；在对地和线间距离较窄的配电线路和变电站进行作业时，有可能分流线路电容电流，则可选用B型屏蔽服。

2. 认真检查

使用前应用万用表和专用电极认真检查其电阻值是否符合规定要求。特别是用铜材做成的B型屏蔽服，应观察其断线情况，发现后应及时用衣料补好才能使用。

3. 科学使用

GB 26860—2011《电力安全工作规程》第161条规定，等电位作业人员必须在衣服外面穿合格的安全屏蔽服（包括帽、衣、裤、手套、袜和鞋），且各部分应连接良好，屏蔽服内还应套阻燃内衣。

严禁通过屏蔽服断、接接地电流、空载线路和耦合电容器的电容电流。

4. 加强管理

用完后，应将其装入专用箱内，由专人保管。洗涤前，应将其浸泡在50～100倍的50～60℃热水中15min，以溶解衣服中的汗水，然后用流动清水洗几次，晾干即可。洗涤时不应揉搓。

思 考 题

1. 人体对电场有何感觉？

2. 法拉第笼能屏蔽电场的原理是什么？

3. 为什么说屏蔽服是柔软的“法拉第笼”？

4. 带电作业中如何屏蔽电场？

5. 对整套屏蔽服有什么主要指标要求？

6. 现场测量屏蔽服电阻为什么要穿好后测量？为什么要把手抬起来？对屏蔽服和导电鞋电阻有什么要求？

第四章　带电作业安全要求

第一节　带电作业的安全技术措施和组织措施

一、带电作业过程当中要注意做好“三防”

“三防”，即防触电、防静电和防电磁场。

1. 防触电

触电就是电流比较长时间地由带电体上经作业人员的人体流入大地或流入接地的物体上，或者流入另一相导线。前者称为对地触电，后者称为相间触电。

防触电最重要的是：①保持足够的安全距离，安全距离不够，在过电压的情况下，空气间隙被击穿，而经过作业人员对地或对接地体的物体放电；②保证绝缘工具有效长度足够，绝缘工具有效长度不足或者绝缘工具污染、受潮，其沿面放电电压降低，在过电压的情况下，沿绝缘工具表面，经作业人员对地或对接地体放电；③保证良好的绝缘子片数。以上这三个条件不满足造成放电的电流都很大，形成持续短路电流，直到线路跳闸，即使作业人员穿了全套的屏蔽服也无济于事。

配电线路带电作业采用了绝缘操作杆作业法和绝缘手套作业法。两种方法都使用了绝缘斗臂车（或绝缘梯、台、架）和绝缘防护与绝缘遮蔽（或隔离）相结合。这就构成了安全保护的三道防线：绝缘操作杆作业法使用操作杆；绝缘手套作业法要求作业人员置身于绝缘斗内（或站在绝缘梯、台、架上），绝缘操作杆或绝缘梯、台、架是第一道绝缘防线，称为主绝缘。第二道防线是作业人员身着绝缘防护服，戴绝缘手套进行作业，这是辅助绝缘。第三道防线是作业人员对一切可能碰触的带电体和接地物体实施绝缘遮蔽（或隔离），这是绝缘的后备保护。

这三道防线共筑配电线路带电作业的安全防线。

2. 防静电

电场中凡不接地（包括人体）必定存在着静电感应（电荷的分离），静电感应后接地会形成静电电流，静电电流流经人体的瞬间，人就会感到麻电。

防静电也就是防麻电，麻电是一种人体能感知的、短暂性的触电。人的手会有一种抽筋的感觉，但很快就过去，不会造成电击伤、烧伤。麻电效应对人体并没有直接的伤害。但由于作业人员一时没有思想准备，可能造成二次伤害，特别是没有系好安全带的情况下，会造成高空跌落等。在500kV铁塔上作业，要求作业人员也要穿屏蔽服（或防静电防护服），就是为了防止静电造成的瞬间麻电。但在220kV铁塔上作业，不一定要求屏蔽，但要求穿导电鞋，千万不要穿塑料鞋。

另一种静电是由大型金属工具经过存在电场的空间时（如吊上、吊下时），由于空气的绝缘，所感应的静电存积在工具上，当塔上人员没有穿屏蔽服时，或地面人员赤手接触它时，它上面的电荷由人的手流向大地（或流向接地铁塔），也会造成瞬间麻电。

在带电导线上接近带电导线附近作业，其他感应静电的地方还是很多。我国发布实施的DL/T 966—2005《送电线路带电作业技术导则》第六条防静电感应的对策明确规定：

(1) 在220kV铁塔上作业的地电位电工应穿导电鞋；在330～500kV塔上作业的地电位电工应穿全套高压静电防护服或屏蔽服（包括帽、衣、裤、鞋和手套，下同）。

(2) 已退出运行的设备附近有强电场存在时，其绝缘体上的金属部件必须先行接地，才能徒手触及。

(3) 对于已停电状态的单回路或多回路同杆架设中的一回停电线路，若邻近线路或多回路同杆架设中的其他线路带电或尚未脱离电源时，单回停电线路或多回同杆架设中的停电线路，必须先行验电确认无电并接地后，才能触及。

(4) 在强电场下用绝缘传递绳传递大、长金属物件时，必须接地才能徒手触及。

(5) 绝缘架空地线应视为带电体，作业人员应对其保持足够的安全距离或用带接地线的绝缘棒先行接地后，才能触及。

只要在电场中，不接地的导电物体都会有静电感应。对防护静电的唯一办法是可靠接地。作业人员只要遵守好上述规定，就能有效防止静电感应造成的麻电。

3. *防电磁场*

在带电作业中，当外届电场达到一定强度时，人体裸露的皮肤上就有“微风吹拂”的感觉，这时测量到的体表场强为2.4kV/cm，相当于人体表面有0.08μA/cm^{2}的电流流入肌体。“风吹感”的原因是电场中人的毛发（相当于尖端）因处于同一电场中互相排斥，造成毛发竖起和颤动。在等电位电工的脸部（因为脸没有屏蔽）也常会有一种黏上蜘蛛网样的感觉，这是因为强电场中引起电荷在汗毛上，使毛发竖起牵动皮肤形成的一种感觉。上述现象说明人体皮肤对电场已有“感知”了。

根据经验，人体皮肤对表面局部场强的“电场感知水平”是2.4kV/cm，表4-1是在500kV线路上等电位前后，实测到的体表场强值（屏蔽服外）。由表可见，头顶场强在没有等电位时达到400kV/m，等电位后，电力线从脚尖部位出发，此处的电力线密度最大，达到700kV/m。人体头部只要不超过导线，由于电场的畸变，这时的表面电场强度反而降低，这是人体穿屏蔽服后产生的效果。

在地面人体感受到的电场强度不会超过感知场强，但在铁塔上，特别在等电位时非常接近电场中心，电场强度很大，会超过人的感知场强，使人不舒服，因为不舒服还可能造成二次伤害。所以，等电位电工、500kV塔上电工必须穿全套的屏蔽服，以屏蔽电场。在220kV塔上作业电工一般不要求穿屏蔽服，但要求穿导电良好的导电鞋（这是为了防静电）。

表4-1　　500kV等电位前后体表场强实测值　　单位：kV/m

等电位人员的位置	体表场强						
	头顶	右肩	左肩	前胸	后背	面部	脚尖
距四分裂导线下1m，未等电位	400	130	80	40	12	125	92

续表

等电位人员的位置	体表场强						
	头顶	右肩	左肩	前胸	后背	面部	脚尖
已等电位，人头部突出导线 0.5m	480	300	350	60	190	—	—
已等电位，但人头部未超过导线	220	200	200	20	200	20	700

屏蔽服为什么能屏蔽电场呢？这就是法拉第电磁感应原理。屏蔽服相当于一个柔软的法拉第笼。我国 A 型和 C 型屏蔽服的屏蔽效率达 40dB，B 型的屏蔽服的屏蔽效率已达 30dB。

二、带电作业安全防护的主要措施

带电作业安全防护的技术措施就是“三个保证”，即保证带电作业人员与带电体的安全距离（包括等电位后等电位人员对接地体的安全距离和中间电位时或进入电场过程中组合间隙安全距离）；保证绝缘工具（包括载人工具、承力工具和操作杆等）最小有效绝缘长度；保证良好的绝缘子片数（包括带电检测绝缘子和带电换绝缘子过程）不得少于规定的片数。这在 GB 26860—2011《电力作业安全工作规程》中都作了明确的规定，有关安全距离的规定见表 4－2。

表 4－2　有关安全距离的规定

电压等级/kV		10	35	110	220	330	500
人身与带电体和对地的安全距离/m		0.4	0.6	1.0	1.8	2.6	3.6
绝缘工具最小有效长度/m	绝缘工具、绝缘绳索	0.4	0.6	1.0	1.8	2.8	3.7
	绝缘操作杆	0.7	0.9	1.3	2.1	3.1	4.0
等电位作业人员对相邻导线的最小距离/m		0.6	0.8	1.4	2.5	3.5	5.0
组合间隙最小距离/m		—	0.7	1.2	2.1	3.1	4.0
转移电位时的最小距离/m		—	0.2	0.3	0.3	0.4	0.4
良好绝缘子最少片数/片		—	2	5	9	16	23

三、带电作业安全防护的组织措施

带电作业安全防护的组织措施就是“遵守五个制度”，即 GB 26860—2011《电力作业安全工作规程》规定的工作票制度、工作联系制度、工作监护制度、工作间断制度和工作终结制度。

1. 工作票制度

带电作业应填第二种工作票。工作票中应写明工作人员的姓名、工作许可人、工作负责人和工作票签发人。工作票签发人、工作负责人、工作许可人都必须在工作票上签字，缺一不可。

带电作业、带电线路杆塔上的工作、在运行中的配电变压器台上或配电变压器内的工作填用第二种工作票。

带电作业工作票签发人和工作负责人应具有带电作业实践经验。工作票签发人必须经厂（局）领导批准确定，工作负责人也可经工区领导批准确定。

带电作业工作票签发人和工作负责人对带电作业现场情况不熟悉时，应组织有经验的人员到现场勘察，根据勘察结果作业能否进行带电作业的判断，确定作业方法和所需工具经及应采取的措施。

2. 工作联系制度

对于填用第二种工作票的工作，不需要履行工作许可手续，但带电作业工作负责人在带电作业工作开始前，应与调度联系，工作结束后应向调度汇报。

带电作业有下列情况之一者，应停用重合闸，并不得强送电：

（1）中性点有效接地的系统中有可能引起单相接地的作业。

（2）中性点非有效接地的系统中有可能引起相间短路的作业。

（3）工作票签发人或工作负责人认为需要停用重合闸的工作。

严禁约时停用或恢复重合闸。在带电作业过程中如设备突然停电，作业人员应视设备仍然带电。工作负责人应尽快与调度联系，调度未与工作负责人取得联系前不得强行送电。

3. 工作监护制度

工作监护制度对带电作业人员的安全至关重要，这是带电作业“五个制度”中最为重要的制度。从某种程度上说，工作负责人监护的好坏关系着人身安全和设备安全。

带电作业必须设专人监护。监护人应由有带电作业实践经验的人员担任。监护人不得直接操作，监护的范围不得超过一个作业点，复杂的或高杆塔上的作业应增设（塔上）监护人。

4. 工作间断制度

带电作业过程当中，由于天气突变或者其他外界因素被迫间断作业，而且来不及恢复设备原状，设备处于异常情况（如临时用吊、拉杆支持导线）下运行，工作负责人必须向调度和工作领导人汇报。带电作业过程当中遇到下雨，如果下雨前还没有卸下绝缘子串，应尽快恢复绝缘子串原状，拆下工具，赶快下杆，撤离现场。如果已经卸下绝缘子串又来不及再恢复时，则留下可以防雨的绝缘拉（吊）杆，卸下所有与导线有接触的绝缘绳索，赶快下杆，在离线路一定范围外留下两个人监视现场，并禁止闲杂人员进入危险范围内，其余人员撤离到安全区域。上述两种情况，工作负责人都要尽快与调度取得联系，进行汇报。

如在外连续几天的作业，不管是在同一地点或在不同地点再开工作业，每次开工前或收工后，工作负责人也必须向调度和工作领导汇报，使他们了解现场情况。

5. 工作终结制度

工作完成后，工作负责人必须检查杆塔上、导线上有无遗留的工具、材料等，并查明全部工作人员确由杆塔上撤下，列队进行了工作总结，才能宣布工作结束。

宣布工作结束后随即监护结束，在没有监护的情况下任何人不能再登杆（塔）。

工作终结制度虽然不像停电作业那样要完成送电手续，但带电作业工作完成后工作负责人仍应该向调度和工作领导人汇报：工作已经完成，人员已全部撤离现场。

我国开展带电作业几十年，已经养成一个非常好的习惯（国外也是这样），就是开始作业前，在现场列队，由工作负责人宣读工作票，并结合现场实际情况讲解工作要点、难点，并逐一询问工作人员的精神状态和身体情况，根据人员情况合理分工。工作结束后，由工作负责人总结本次作业的优缺点，然后宣布工作结束。

思 考 题

1. 什么叫触电？如何防止触电？“三个保证”是什么？
2. 什么叫麻电？如何防止麻电？
3. 带电作业的安全组织措施有哪些？

第二节 带电作业中的过电压及安全距离

电力系统中持续时间短而高于设备额定电压的称为过电压。过电压分为外部过电压（又称大气过电压）和内部过电压（又称为操作过电压）两种。带电作业能否保证人身、设备安全，在很大程度上取决于过电压幅值能否引起绝缘工具闪络或空气间隙击穿放电。

一、过电压的类型

1. 操作过电压

操作过电压的特点是幅值较高，持续时间短、衰减快。电力系统中常见的操作过电压有中性点绝缘电网中的间歇电弧接地过电压、开断电感性负载（空载变压器、电抗器、电动机等）过电压、开断电容性负载（空载线路、电容器组等）过电压、空载线路合闸（包括重合闸）过电压以及系统解列过电压等。操作过电压的大小是确定带电作业安全距离的主要依据。

系统操作过电压值，是按照各级最高运行相电压（所谓最高运行相电压就是相电压乘1.1首端电压提高系数）再乘以相应的过电压倍数计算出来的，但还需要乘上$\sqrt{2}$化为最大值后，得出操作过电压幅值。

$$U_{gc}=\sqrt{2}k_1U_{xg}\ (\mathrm{kV}) \tag{4-1}$$

式中 U_{gc}——操作过电压幅值，kV；

U_{xg}——系统最高运行相电压，kV；

k_1——操作过电压倍数。

k_1按SDJ 7—79《电力设备过电压保护设计技术规程》取值。操作过电压的幅值取决于断路器的性能及线路的电气参数等，不同系统的过电压值可通过暂态网络分析仪（TNA）或计算机求得。如果无线路过电压的计算研究值，根据DL/T 876—2004《带电作业绝缘配合导则》，在确定带电作业安全距离时可参照表4-3中列出的$U_2\%$统计过电压倍数k_1。

如果装有合闸电阻或在带电作业时已停用自动重合闸，过电压倍数可能较表4-3中所列值低。在计算带电作业安全距离时，应根据带电作业时可能出现的实际过电压倍数来确定。

表 4-3　　统计过电压 U_2%倍数 k_1

系统标称电压 U_a/kV	统计过电压倍数 k_e
10 及以下	4.0
110～154（非直接接地系统）	3.5
110～220（直接接地系统）	3.0
500	2.0
750	1.8
500（DC）	1.7（最高极电压的倍数）

例如，220kV 线路取操作过电压倍数为 3，考虑 10%的电压升高，用式（4-1）计算得 220kV 线路可能出现的操作过电压最大值为

$$U=\frac{220}{\sqrt{3}}\times 1.1\times 3\times\sqrt{2}=593(\text{kV})$$

查图 4-2（曲线 5），得放电距离是 1.5m。

2. 大气过电压幅值计算

远方落雷（按 GB 26860—2011《电力作业安全工作规程》取 5km 距离）传到带电作业点的大气过电压幅值计算公式为

$$U=\frac{U_0}{klU_0+1}\ (\text{kV}) \qquad (4-2)$$

式中　U——距离雷击点 l（km）外亦即带电作业点处的雷电压幅值；

U_0——起始雷电波幅值，其最大值等于该处绝缘子串 50%冲击放电电压值（正极性），在 DL/T 5092—1999《110～500kV 架空送电线路设计技术规程》中有规定，如 220kV 直线绝缘子串为 13 片，它的 50%冲击放电电压为 1186kV（正极值）；

l——传播距离，按 GB 26860—2011《带电作业安全工作规程》规定取 5km；

k——衰减系数（测得值），一般取（0.16～1.2）$\times10^{-3}$，按偏保守计算取 0.16 $\times10^{-3}$。

220kV 线路在 5kV 处落雷，传到作业地点的最大雷电压幅值为

$$U=\frac{1186}{0.16\times10^{-3}\times5\times1186+1}=610\ (\text{kV})$$

需要说明一下，为什么外部过电压的最大值取绝缘子串的 50%冲击放电电压值呢？因为当外部过电压大于绝缘子串的 50%放电电压值后，就沿绝缘子串放电了，其外部过电压就降到绝缘子串的 50%冲击放电电压值。

3. 按计算的操作过电压和大气过电压的幅值查曲线

从《机电工程手册》发表的操作波（500/5000μs）和雷电冲击波（1.5/40μs）正极性棒板间隙放电曲线（分别参看图 4-1 和图 4-2）查出危险距离。例如：上述 220kV 线路在操作过电压 593kV，查图 4-2 的曲线 5，得危险距离为 1.5m。大气过电压 610kV 时的

危险距离为1.15m。这说明起控制作用的是操作过电压。220kV及以上电压等级线路都是由操作过电压起控制作用的。

二、带电作业安全距离的确定

1. 安全距离的计算

带电作业的安全距离，是保证带电作业人员与设备安全的关键。距离越大，作业越安全。所以这里所指的安全距离是作业人员与带电体保持的最小距离。

安全距离的确定，应根据各级电压有可能出现的最大操作过电压幅值或者最大雷电过电压幅值，分别按空气的操作波放电特性曲线（图4－2）和冲击放电电压曲线（图4－1），求出其相应的危险放电距离，取其中最大的数值再增加20%的安全裕度而确定的，这种方法也叫惯用法。例如220kV线路的安全距离根据上述原则定为1.8m。

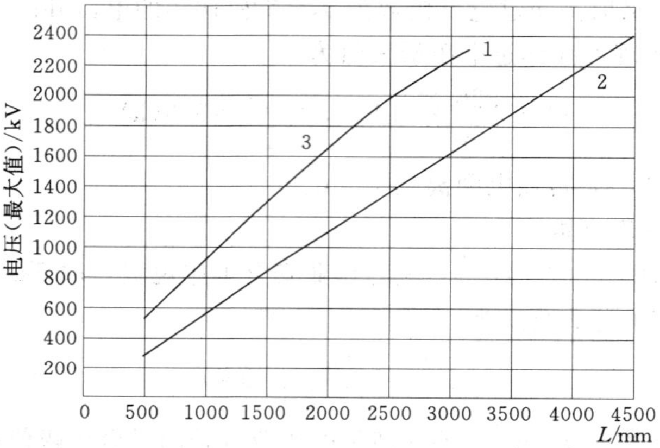

图4－1 1.5/40μs全波棒与接地平板间的冲击放电电压曲线

1—负极性；2—正极性；3—电极（导线对接地平板）的放电电压

按照上述方法，以X－4.5绝缘子和常用片数为例计算出各种电压等级线路，在内、外过电压情况下的危险距离（增加20%裕度），以及推荐的最小安全距离见表4－4。

现行GB 26860—2011《带电作业安全工作规程》对500kV带电作业3.6m安全距离的规定，是中国电力科学研究院收集国内各种仿真塔形间隙的放电数据绘成的曲线，如图4－2所示。

500kV设备的绝缘水平受操作过电压控制，其计算公式为

$$U_{50} \geqslant \frac{U_m}{1-3\sigma} \tag{4-3}$$

式中 U_m——操作过电压最大幅值。

500kV系统最大操作过电压按2.5倍最高工作相电压核定安全距离时，操作过电压最大幅值U_m为

$$U_m = \frac{2.5\times\sqrt{2}\times1.1\times500}{\sqrt{3}} = 1122.7\,(\text{kV})$$

σ为标准差，取6%，则

$$U_{50} \geqslant \frac{1122.7}{1-3\times0.06} = 1368.9\,(\text{kV})$$

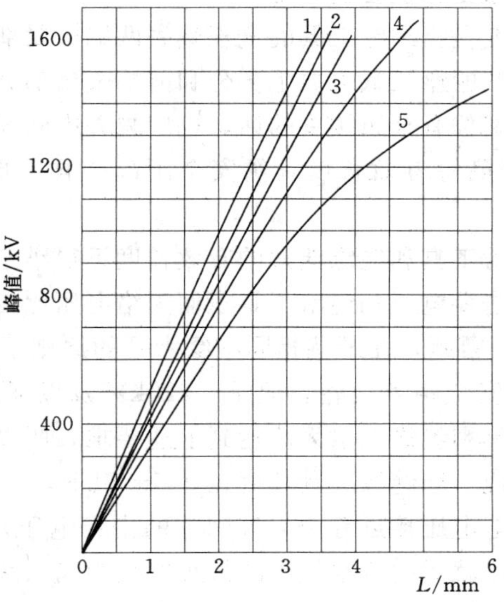

图 4-2　操作波下空气间隙的放电特性曲线

1—导线对导线（工频）；2—导线对杆塔（工频）；3—导线对横担（工频）；
4—棒对板间隙（工频）；5—棒对板间隙（120/4000μs 正极性操作波）

以此为依据查图 4-2 得安全距离为 3.4m，故推荐 3.6m 是安全的。

2. 带电作业安全距离计算举例

取 k_g=1.129，k_d=0.936，在海拔为 1000m 时，求得不同电压系统的带电作业安全距离计算值，见表 4-4。

表 4-4　　安全距离计算值

额定电压/kV	最高运行电压/kV	U_2%统计过电压倍数	最小电气安全距离/m	人的活动范围/m
110	121	3.0	0.8	0.2～1.0
		3.3	0.9	0.2～1.0
		3.5	1.0	0.2～1.0
220	242	2.6	1.52	0.2～1.0
		2.8	1.65	0.2～1.0
		3.0	1.80	0.2～1.0
330	363	2.2	2.1	0.2～1.0
		2.5	2.4	0.2～1.0
		2.7	2.6	0.2～1.0
500	550	1.8	2.8	0.2～1.0
		2.0	3.2	0.2～1.0
750	800	1.7	4.3	0.2～1.0
		1.8	4.8	0.2～1.0

三、绝缘工具最短有效绝缘长度的确定

绝缘工具最短有效长度是指绝缘工具的全长减去两端金属部分长度后的长度。绝缘操作杆的有效长度是指操作杆的全长减去握手部分和前端金属部分的长度后的长度。如果绝缘工具和绝缘操作杆中间部位有金属接头的话，也应减去中间部位的金属长度。带电作业绝缘工具和绝缘操作杆的最短有效长度，像安全距离一样，也是保证带电作业安全的关键。

绝缘操作杆、绝缘承力工具和绝缘绳索的有效长度不得小于表 4-5 的规定。

同一长度的空气间隙击穿电压和绝缘工具表面闪络电压比较，前者击穿电压要比后者的闪络电压高 6%～10%。因此，在维持相同绝缘水平的原则下，带电绝缘工具的最小有效绝缘长度应该比空气的安全距离大些。但是，220kV 及以下设备，由于受到绝缘子串长度的限制，绝缘承力工具和绝缘绳索无法达到上述要求，所以在以往的安规中，两者采用了同一数值（也有资料说：当绝缘工具长度在 3.5m 以下，并且保持清洁、干燥的情况下，其沿绝缘体表面的放电电压接近等于空气间隙的击穿电压）。所以绝缘承力工具和绝缘绳索的最小有效绝缘长度就等同于空气中的最小安全距离（表 4-5）。而且受设备长度的限制，绝缘工具长度也不可能超过设备长度。

表 4-5　　绝缘工具最小有效长度

电压等级/kV	绝缘工具的最小有效长度/m	
	绝缘承力工具、绝缘绳索	绝缘操作杆
10	0.4	0.7
35	0.6	0.9
110	1.0	1.3
220	1.8	2.1
330	3.1	2.8
500	3.7	4.0
±800	6.8	6.5

330kV 绝缘子串长度则可以满足上述要求。至于第一代 500kV 绝缘子串长虽达到 4.34m，但第二代 500kV 绝缘子串减为 25 片，其长度只有 3.875m，绝缘工具的最小有效长度有条件可以超过 3.5m。因为沿面放电电压要比空气的击穿电压低，所以其最小有效绝缘长度就应该比安全距离略大，前者为 3.7m，后者为 3.6m。

基于上述理由，规定了 220kV 及以下的绝缘承力工具和绝缘绳索的长度仍保持与安全距离相同，而 330kV 则较安全距离增加 7.7%，500kV 较安全距离略有增加。

由于绝缘操作杆是一种手持操作工具，绝缘操作杆顶部在操作过程中，人的手往往会超过带电设备一段距离而使这段距离失效，使有效绝缘长度缩短，因此，绝缘操作杆的有效绝缘长度比承力类的有效长度要增加 30cm 的活动范围，以弥补这段失效的绝缘段，见表 4-5。

由于受绝缘子串长度的限制，承力类绝缘工具两端又一定有金属部件与卡具相接，所以承力类绝缘工具的有效绝缘长度能够保持与空气安全距离的长度，已经不错了。承力类

绝缘工具的安全性完全取决于工具表面清洁、干燥。如果工具表面受潮，特别是脏污后再受潮，表面脏污的导电粒子在水分子的溶解下很容易形成“导电桥”，这时绝缘工具表面的放电电压就大大低于空气的击穿电压，两者在保持相同距离的情况下，当然就是沿绝缘工具表面先放电了。所以，经常擦拭工具保持工具清洁干燥，并在每次使用前用2500V绝缘摇表测量2cm绝缘段的电阻不低于700MΩ。

绝缘绳索比硬质绝缘工具更容易受潮、弄脏。脏物和水分更容易夹在绳索缝隙中，不容易除掉，使用时应特别注意。用作后备保护的长保护绳，一端拴在等电位作业人员身上，另一端拴在铁塔上，这就形成了另一条放电渠道，沿长保护绳是第三道放电渠道。相对于绝缘子串和绝缘拉（吊）杆而言，沿绝缘绳索更容易放电。所以在使用时有意放长些有好处，但也不能放得太长，以防万一出事时冲击力太大。更重要的是保证所使用的一切绝缘工具清洁干燥，不允许使用在铁塔上的长保护绳用于等电位作业人员的长保护绳，因为前者脏而后者要求干净。

四、良好绝缘子片数的判定

良好绝缘子片数是指绝缘子串中除了零值和沿绝缘子串进出电场时“跨二短三”被短接了的三片绝缘子，或在绝缘子串上用闭式卡具更换单片绝缘子时被金属卡具短接了的绝缘子，或在更换绝缘子串时被拉（吊）杆金属部件旁路了的绝缘子后，所余良好绝缘子和未被短路或旁路绝缘子的片数，就是良好绝缘子片数。

在良好绝缘子片数满足不了DL/T 966—2005《送电线路带电作业技术导则》要求时，在过电压的情况下容易发生沿绝缘子串的闪络放电。所以保证良好绝缘子片数满足DL/T 966—2005《送电线路带电作业技术导则》要求，也是安全带电作业的“三个保证”之一。前文已叙及。

在检测零值绝缘子时，如果发现良好绝缘子片数已经是最少了，就不要继续往下检测，因为往下检测被火花间隙再短接掉一片绝缘子，良好绝缘子片数就不满足DL/T 966—2005《送电线路带电作业技术导则》要求了。

DL/T 966—2005《送电线路带电作业技术导则》规定，更换绝缘子或在换绝缘子串上作业时，良好绝缘子片数不得少于表4-2中的规定。

目前，更换绝缘子的作业方式大致如下：

（1）沿绝缘子串进入用闭式卡具更换单片绝缘子。

（2）以绝缘板（管、棒）或绝缘沿车组代替绝缘子串承受导线载荷后，用地电位作业方式或与等电位人员配合，将绝缘子串放至地面或拉至横担侧进行更换。

不管采用哪种作业方式，带电体都有可能通过空气间隙（上述第一种作业方式为组合间隙）、绝缘工具和绝缘子串三个渠道放电，也可能通过部分绝缘子串跳到被旁路的金属连接头放电。因此，除要求空气间隙（或组合间隙）和绝缘工具的有效绝缘长度满足要求外，绝缘子串闪络电压也必须满足系统最大过电压的要求。

在整串绝缘子良好的情况下，其放电电压有一定的裕度，即使部分绝缘子失效也不会发生闪络。但如果失效的绝缘子片数过多就很难保证在操作过电压下不发生放电。因此，规定绝缘子串中必须有足够数量的良好绝缘子。

所谓足够数量的良好绝缘子，以其闪络电压满足系统最大过电压为前提，考虑到作业更加安全可靠，表4－6中110～500kV的良好绝缘子片数均多增1片。

尽管规定了不同电压等级的良好绝缘子片数，但在作业前必须认真检测，确认满足良好绝缘子的片数要求，才能开始作业，否则将带来严重后果。这就要求使用测量零值的固定火花间隙距离（或其他检测仪器）准确，测量方法正确，并综合分析测量的结果，以免造成误判。

此外，在沿耐张绝缘子串进出时，作业人员短接绝缘子的片数必须符合规程要求。

思考题

1. 电力系统的内部过电压有哪些种类？
2. 带电作业的安全距离是如何确定的？

第三节　带电作业的危险率与绝缘配合问题

一、带电作业的危险率与事故率

在带电作业中其安全性常以带电作业的危险率与带电作业的事故率来进行衡量。带电作业的事故率与带电作业的危险率这两个定义不同，但又有紧密联系，应注意分开，并按下述定义及相关计算方法进行计算。

1. 带电作业的危险率

在带电作业中通常将带电作业间隙在每发生一次操作过电压时，该间隙发生放电的概率称为带电作业的危险率。公认可接受的带电作业的危险率 $R_0=1\times10^{-5}$，带电作业危险率的计算按GB/T 19185—2003《交流线路带电作业安全距离计算方法》所规定的计算式进行计算。

2. 带电作业的事故率

带电作业的事故率是指开展带电作业工作时，作业间隙因操作过电压而放电所造成的事故概率。

危险率是无量纲的数值，而事故率则是每百公里线路在一年之中发生事故的次数统计值，以“1/100km”为单位。事故率的大小取决于许多因素。例如，一年中进行带电作业的天数、系统操作过电压极性以及作业间隙的危险率等。

带电作业的事故率可由式（4－4）求得：

$$R_n=\frac{N}{360}\frac{t}{24\times60}nP_pR_0 \tag{4-4}$$

式中　R_n——对应于危险率 R_0 条件下的事故率；

N——年内进行带电作业的工作日；

t——进行带电作业的工作日中作业人员处于危险率为 R_0 的间隙中的平均时间，min；

n——每100公里线路在一年内产生操作过电压的正常操作与事故跳闸次数；

P_p——出现正极性操作过电压的概率（一般取 $P_p=0.5$）；

R_0——带电作业的危险率。

3. 带电作业保护间隙

如果带电作业间隙偏小，不能满足带电作业安全指标，可以采用加挂（并联）保护间隙的措施。

保护间隙的绝缘设计按 GB/T 18037—2000《带电作业工具基本技术要求与设计导则》中 6.3.7 条的规定，其保护间隙的具体整定值范围见 6.3.2 条。

加挂保护间隙后，带电作业危险率的计算如下：

$$R_1 = \int_{U_{\mathrm{Ph \cdot m}}}^{\infty} P_0(U)[1 - P_p(U)]P_T(U)\mathrm{d}U \tag{4-5}$$

式中 $U_{\mathrm{Ph.m}}$——加挂保护间隙时的电压最大值；

$P_0(U)$——不加挂保护间隙时的放电概率；

$P_p(U)$——保护间隙在操作冲击下的放电概率分布函数；

$1-P_p(U)$——不放电的概率。

进行带电作业欲使用保护间隙时，其事故率应按下式计算：

$$R_n = \frac{N_0}{360}\frac{t_0}{24 \times 60}n_0 P_{p_0} R_0 + \frac{N_1}{360}\frac{t_1}{24 \times 60}n_1 P_{p1} R_0 \tag{4-6}$$

式中，带下标“0”的是无保护间隙数据，带下标“1”的是有保护间隙数据。

二、带电作业中的绝缘配合

1. 绝缘配合概念

绝缘配合是电力系统中用以确定输电线路和电工设备绝缘水平的原则、方法和规定。研究带电作业中绝缘配合的目的在于综合考虑绝缘工具和空气间隙可能承受的作用电压、过电压防护装置的效用以及绝缘工具和空气间隙对各种作用电压的耐受特性等因素，在满足安全的前提下，考虑经济上的合理性以确定输电线路的绝缘水平。

2. 绝缘配合方法

绝缘配合方法有惯用法（也称确定性法）、统计法。

（1）惯用法。按惯用法进行绝缘配合时，需要确定作用于工具、装置及设备上的最大过电压，工具、装置及设备绝缘强度的最小值以及它们两者间的裕度。在确定裕度时，应尽量考虑可能出现的不确定因素，但不要求估计绝缘可能击穿的故障率。惯用法的适用范围，主要是非自恢复绝缘和 220kV 及以下电压等级的系统。非自恢复绝缘（non-self-restoring insulation）是指在施加电压引起破坏性放电后即丧失或不能完全恢复其绝缘性能的绝缘。例如，环氧玻璃纤维材料就是一种非自恢复绝缘。而在施加电压引起破坏性放电后能完全恢复其绝缘性能的绝缘叫自恢复绝缘（self-restoring insulation）。

“惯用法”是以绝缘（空气间隙）的“最低耐受强度”大于系统“最大过电压”来决定安全距离的。问题是裕度选择多大才是合理的，考虑最大过电压和最低耐压强度的极端情况往往使裕度过大，判断数据偏于保守，且这两个量都是随机变量，在估计它的具体数值时，没有严格的规则可遵循，因此也难以估准。由表 4-4 也可以看出，用惯用法确定的安全距离的确太保守，安全裕度达到 30%或以上。

（2）统计法。按统计法进行绝缘配合时，应通过对工具、装置及设备绝缘强度和作用于其上过电压的统计分析，并根据所允许的最大危险率（或故障率）设计绝缘水平，而且将允许的最大危险率（或故障率）作为绝缘设计的一个安全指标。

绝缘配合的统计法是建立在随机的、服从正态分布统计规律的基础。统计法用作绝缘配合是既不冒险也不浪费的好办法，改变了惯用法让一极端情况同时发生的做法，克服了虚假的绝对安全的情况。对超高压等级线路带电作业距离的确定，用统计法的技术经济效果就更加合理。

三、绝缘配合的惯用法

惯用法是一种传统的习惯方法，其基本出发点是使电器设备绝缘的最小击穿电压值高于系统可能出现的最大过电压值，并留有一定的安全裕度。

在绝缘配合惯用法中，系统最大过电压、绝缘耐受电压与安全裕度三者之间的关系为

$$A=\frac{U_w}{U_{0.\max}}=\frac{U_w}{U_n\frac{\sqrt{2}}{\sqrt{3}}k_r k_0} \tag{4-7}$$

式中 A——安全裕度；

U_w——绝缘的耐受电压，kV；

$U_{0.\max}$——系统最大过电压，kV；

U_n——系统额定电压（有效值），kV；

k_r——电压升高系数：一般取 1.1；

k_0——系统过电压倍数。

本章第二节中安全距离的确定就是由惯用法计算确定的。

四、绝缘配合的“统计法”

惯用法往往将一些极端情况同时呈现，并留有一定安全裕度，用这裕度来补偿计算“最大过电压”和“设备最低耐压强度”的误差：由于安全裕度取值难以确定，往往使绝缘配合趋于保守，造成经济上浪费。因此，500kV 以上超高压等绝缘配合都采用统计法。在操作过电压幅值的概率密度分布函数 $P_0(U)$ 和空气间隙在操作冲击电压下的放电电压概率分布函数 $P_d(U)$ 都呈正态分布时，带电作业在安全距离下可能放电的概率即危险率 R 用下式计算：

$$R=\int_0^{\infty}P_0(U)P_d(U)\mathrm{d}u=F\left(\frac{U_g-U_j}{\sqrt{\sigma_g^2+\sigma_j^2}}\right) \tag{4-8}$$

其中

$$P_0(U)=\frac{1}{\sigma_g\sqrt{2\pi}}\mathrm{e}^{-\frac{1}{2}\left(\frac{u-u_g}{\sigma_g}\right)^2} \tag{4-9}$$

$$P_d(U)=\int_0^{u}\frac{1}{\sigma_j\sqrt{2\pi}}\mathrm{e}^{-\frac{1}{2}\left(\frac{u-u_j}{\sigma_j}\right)^2}\mathrm{d}u \tag{4-10}$$

式中 R——放电的危险率；

$P_0(U)$——操作过电压幅值的概率密度分布函数；

$P_d(U)$——空气间隙在操作冲击电压下的放电电压概率分布函数；

U_g——操作过电压的平均值（峰值），kV。

由于测量数据（样本）不可能达到足够多的程度，同时，由于电网结构、系统容量、开关性能等诸多因素，也不可能将操作过电压的全部真实情况反映出来。因此，按有限测

量数据统计出的平均过电压，往往是偏低的。在给定最大过电压倍数时，按大家公认的公式计算平均过电压 U_g 比较合理的。其平均过电压为

$$U_g = \frac{k_1 U_m}{1+3\sigma_g} \tag{4-11}$$

式中　k_1——最大过电压倍数，在此处取 2.18 倍；

U_m——最高工作相电压（峰值），500kV 线路为 449kV，由式（4－8）求得；

U_g——U_g＝719.29kV，与最高工作电压相比，为 1.603 倍。所以操作过电压的平均（峰值）取最高工作电压（峰值）U_m 的 1.063 倍；

σ_g——过电压的标准差，一般取 12％～15％。

上述一系列计算只有通过查表或用计算机编程才能算出危险率。

再回到 500kV 带电作业安全距离（即上面提到的空气间隙）的问题上。有关研究部门对 500kV 线路的 ZLM1 型塔窗中相进行带电作业可行性的研究，让模拟人坐在坐吊椅并放置在导线上，脚对斜铁和坐吊椅背对斜铁的 3.2m、3.4m 和 3.6m 的安全等距离 U_{50}％放电电压试验表明，3.2m、3.4m 和 3.6m 时都很接近，相差 4.14～14.16kV，而且曲线趋势又很接近。3.2m 安全距离的放电电压为 1264.07～1290.44kV，危险率 R 为 3.11×10^{-6}～2.77×10^{-6}；3.4m 安全距离的放电电压为 1230.53～1234.04kV，危险率 R 为 6.34×10^{-7}～6.0×10^{-7}；3.6m 安全距离的放电电压为 1264.07～1290.44kV，危险率 R 为 1.73×10^{-7}～5.66×10^{-8}；其危险率指标都在 10^{-5} 以下，也就是说，即使在 3.2m 的距离下作业也是安全的。考虑留有一定的安全裕度，安全距离建议采用 3.6m 是比较合适的。

五、海拔修正系数 k_a

海拔修正系数见表 4－6。

表 4－6　　不同海拔和 U_{90}％值的海拔修正系数 k_a

U_{90}％的范围/kV 海拔/m	＜200	200～399	40～599	600～799	800～999	1000～1200	＞1200
0	1.000	1.000	1.000	1.000	1.000	1.000	1.000
100	0.990	0.992	0.993	0.995	0.996	0.998	0.999
300	0.970	0.975	0.980	0.984	0.998	0.992	0.995
500	0.950	0.958	0.966	0.973	0.980	0.985	0.991
1000	0.901	0.916	0.931	0.944	0.955	0.966	0.976
1500	0.853	0.875	0.894	0.912	0.928	0.943	0.956
2000	0.807	0.833	0.857	0.879	0.899	0.917	0.933
2500	0.763	0.792	0.820	0.845	0.868	0.888	0.908
3000	0.720	0.752	0.782	0.810	0.835	0.858	0.880

思　考　题

1. “惯用法”是怎样确定最小安全距离的？惯用法的缺点是什么？
2. “统计法”是如何确定最小安全距离的？统计法的优点是什么？
3. 1.0×10^{-5}是个什么样的概念？
4. 根据 DL/T 620 的规定，统计过电压倍数是多少？
5. 绝缘配合有哪三种方法？
6. 统计过电压U_2%、50%闪络电压U_{50}%、90%耐受电压U_{90}%的区别是什么？

第四节　输电线路带电作业安全工作规程

一、一般规定

（1）该规程的规定适用于在海拔 1000m 以下，10～1000kV 的高压架空电力线路、变电所电气设备上采用等电位、中间电位和地电位方式进行的带电作业以及低压带电作业。两线一地的线路及电气设备上不宜进行带电作业。

（2）带电作业应在良好的天气下进行，如遇雷、雨、雾等不良的天气时不得进行带电作业，风力大于 5 级（风速为 10.7m/s）时，一般不宜进行带电作业。北方地区气温低于－25℃不宜进行带电作业。

在特殊情况下，必须在恶劣天气进行带电抢修时，应组织有关人员充分讨论并采取必要的安全措施，经局主管生产领导（总工程师）批准后方可进行。

（3）对于比较复杂、难度较大的带电作业新项目和研制的新工具，必须进行科学试验，确认安全可靠，编写出操作工艺方案和安全措施，并经局主管生产领导（总工程师）批准后，方可实行和使用。

（4）带电作业工作票签发人和工作负责人应具有带电作业实践经验。工作票签发人必须经局领导批准，工作负责人也可经线路部领导批准。

（5）带电作业必须设专人监护。监护人应由具有带电作业实践经验的人员担任。监护人不得直接操作。监护的范围不得超过一个作业点。复杂的或杆塔上的作业应增设（塔上）监护人。

（6）带电作业工作票签发人和工作负责人对带电作业现场情况不熟悉时，应组织有经验的人员到现场查勘。根据查勘结果作出能否进行带电作业的判断，并确定作业方法和所需工具以及应采取的措施。

（7）带电作业工作负责人在带电作业工作开始前，应与调度联系，工作结束后应向调度汇报。

（8）带电作业有下列情况之一者应停用重合闸，并不得强送电：

1）中性点有效接地的系统中有可能引起单相接地的作业。

2）中性点非有效接地的系统中有可能引起相间短路的作业。

3）工作票签发人或工作负责人认为需要停用重合闸的作业。

（9）在带电作业过程中如遇设备突然停电，作业人员应视设备仍然带电。工作负责人应尽快与调度联系，调度未与工作负责人取得联系前不得强送电。

二、一般技术措施

（1）进行地电位带电作业时，人身与带电体的距离不得小于表 4－2 的最小安全距离。

（2）绝缘操作杆、绝缘承力工具和绝缘绳索的有效绝缘长度不得小于表 4－5 的最小有效长度。

（3）更换绝缘子或在绝缘子串上作业时，良好绝缘子片数不得小于表 4－7 的规定。

表 4－7　　最少良好绝缘子片数表

电压等级/kV	最少良好绝缘子片数	电压等级/kV	最少良好绝缘子片数
110	5	220	9
330	12	500	23
±660	25（绝缘子高 170mm）	±800	28（绝缘子高 170mm）
	28（绝缘子高 195mm）		32（绝缘子高 195mm）
750	25（绝缘子高 170mm）	1000	37（绝缘子高 170mm）
	29（绝缘子高 195mm）		43（绝缘子高 195mm）

（4）更换直线绝缘子串或移动导线的作业，当采用单吊线装置时，应采取防止导线脱落的后备保护措施。

（5）在绝缘子串未脱离导线前，拆、装靠近横担的第一片绝缘子时，必须采用短接线或穿屏蔽服方可进行操作。

（6）在市区或人口稠密的地区进行带电作业时，工作现场应设置围栏，严禁非工作人员入内。

三、等电位作业

（1）等电位作业人员必须在衣服外面穿全套合格的屏蔽服（包括帽、衣、裤、手套、袜和鞋），且各部位连接可靠。屏蔽服内还应穿阻燃内衣。

±660kV 及以上电压等级严禁通过屏蔽服断、接接地电流、空载线路和耦合电容器的电容电流，应采用电位转移棒进行电位转移，进入等电位。超/特高压带电作业用屏蔽服包括上衣、裤子、帽子、手套、短袜、鞋子及相应的连接线和连接头，各电压等级的屏蔽服如图 4－3 所示。对于 1000kV 带电作业用屏蔽服，应做成上衣、裤子与帽子连成一体，帽檐加大的式样。不同电压等级线路的带电作业对屏蔽服屏蔽效率的要求也有所不同，见表 4－8。

表 4－8　　屏蔽服屏蔽效率

电压等级	直流±660kV 及以下	交流 750kV	直流±800kV	交流 1000kV
衣料屏蔽效率	40	40	40	60
面罩屏蔽效率	—	20	20	20

（2）等电位作业人员在电位转移前，应得到工作负责人的许可，并系好安全带。转移电位时，人体裸露部分与带电体的安全距离不得小于 0.4m。

（3）等电位作业人员与地面作业人员传递工具和材料时，必须使用绝缘工具或绝缘绳

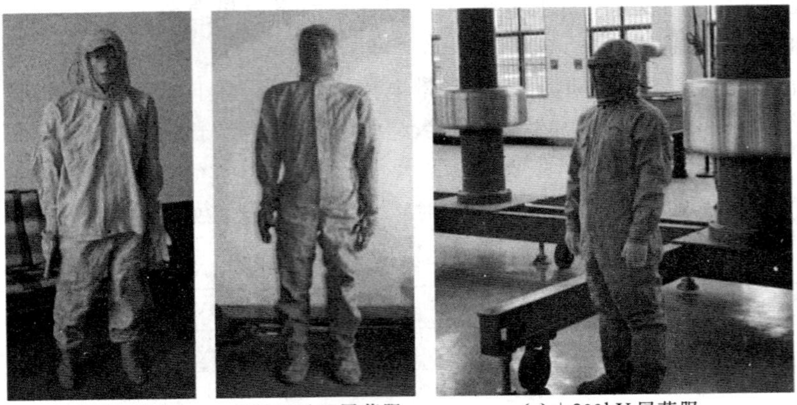

(a)750kV 屏蔽服　(b)1000kV 屏蔽服　(c)±800kV 屏蔽服

图 4-3 超/特高压带电作业屏蔽服

索进行，其有效绝缘长度不得小于表 4-5 的要求。

（4）沿导、地线上悬挂的软、硬梯或飞车进入强电场的作业应遵守下列规定：

1）在连续挡距的导、地线上挂梯（或飞车）时，其导、地线的截面积不得小于：钢芯铝绞线 $120mm^2$，铜绞线 $70mm^2$，钢绞线 $50mm^2$。

2）在下列情况之一者，应经验算合格，并经局领导（总工程师）批准后方可进行：①在孤立挡距的导、地线上的作业；②在有断股的导、地线上的作业；③在有锈蚀的地线上的作业；④在其他型号导、地线上的作业；⑤二人以上在导、地线上的作业。

3）在导、地线上悬挂梯子前，必须检查两端杆塔处导、地线的紧固情况。挂梯载荷后，地线及人体对导线的最小间距不小于 4.1m，导线及人体对被跨越的电力线路、通信线路和其他建筑物的最小距离不得小于 4.6m。

（5）等电位作业人员在作业中严禁用酒精、汽油等易燃物品擦拭带电体及绝缘部分，防止起火。

四、感应电压防护

（1）在 500kV 及以上电压等级线路杆塔上作业，应采取防静电感应措施，例如，穿静电感应防护服等。

（2）带电更换架空地线或架设耦合地线时，应通过放线滑车可靠接地。

（3）绝缘架空地线应视为带电体，作业人员与绝缘架空地线之间的距离不得小于 0.4m。如需要在绝缘架空地线上作业时，应用接地线将其可靠接地或采用等电位方式进行。

（4）用绝缘绳索传递大件金属物品（包括工具、材料等）时，杆塔或地面上作业人员应将金属物品接地后再接触，以防电击。

五、带电检测绝缘子

（1）使用火花间隙检测器检测绝缘子时，在检测前应对检测器进行检测，保证操作灵活，测量准确。

（2）检测绝缘子串时，当发现同一串中的零值或劣值绝缘子片数达极限片数（绝缘子串绝缘子总数减去良好绝缘子最少片数）时，应立即停止检测。如绝缘子串的总片数为

28片时，零值或劣绝缘子片数最多为5片。

六、带电作业工具的保管与试验

（1）带电作业工具应置于通风良好、备有红外线灯泡或去湿设施的清洁干燥的专用房间存放。带电作业工具专用库房面积要求见表4－9。

表4－9　带电作业库房面积要求

存放工具的电压等级/kV	库房面积/m^2
10～66	20～60
110～220	50～150
330	60～200

（2）在运输过程中，带电作业工具应装在专用的工具袋、工具箱或专用的车内，以防受潮和损伤。

（3）不合格的带电作业工具应及时检修或报废，不得继续使用。

（4）发现绝缘工具受潮或表面损伤、脏污时，应及时处理并经试验合格后方可使用。

（5）使用工具前，应仔细检查其是否损坏、变形、失灵。并使用2500V绝缘摇表或绝缘检测仪进行分段绝缘检测（电极宽2cm，极间宽2cm），阻值应不低于700MΩ。操作绝缘工具时应戴清洁、干燥的手套，并应防止绝缘工具在使用中脏污和受潮。

（6）带电作业工具应设专人保管，登记造册，并建立每件工具的试验记录。

（7）带电作业工具应定期进行电气试验及机械试验。其试验周期如下：

1）电气试验：预防性试验每年一次，检查性试验每年一次，两次试验间隔半年。

2）机械试验：绝缘工具每年一次，金属工具两年一次。

（8）绝缘工具电气试验项目及标准为：试验长度为3.7m。

1）5min工频耐压（kV）：出厂及型式试验电压为640kV，预防性试验电压为580kV。工频耐压试验以无击穿、无闪络及过热为合格。

2）15次操作冲击耐压（kV）：出厂及型式试验电压为1175kV；预防性试验电压为1050kV。操作冲击耐压试验宜采用250/2500μs的标准波，以无一次击穿、闪络为合格。

3）高压电极应使用直径不小于30mm的金属管，被试品应垂直悬挂，接地极的对地距离为1.0～1.2m。接地极及接高压的电极（无金属时）处，以50mm宽金属铂缠绕。试品间距不小于500mm，单导线两侧均压球直径不得小于200mm，均压球距离不小于1.5m。试品应整根进行试验不得分段。

（9）绝缘工具的检查性试验条件是：将绝缘工具分成若干段进行工频耐压试验，每300mm耐压75kV，时间为1min，以无击穿、闪络及过热为合格。

（10）带电作业工具的机械试验票标准：

1）静荷重试验：2.5倍允许工作负荷下持续5min，工具无变形及损伤者为合格。

2）动荷重试验：1.5倍允许工作负荷下实际操作3次，工具灵活、轻便、无卡住现象者为合格。

（11）屏蔽服衣裤最远端点之间的电阻值均不得大于20Ω。

思考题

1．对带电作业工作票签发人、工作负责人有什么要求？

2．带电作业工具应如何保管？

3．在输电线路连续挡距的导、地线上挂软梯时，对导、地线有何要求？

第五章　配电线路带电作业

第一节　基　本　要　求

配电线路带电作业时，应遵守以下基本要求：

（1）在配电线路上进行带电作业，无论是在绝缘梯（台）上或绝缘斗内使用绝缘操作杆法，或者戴绝缘手套法，都应根据现场实际情况，在安全可靠的基础上有选择地采用某种方式，或者是两种方式并用。

（2）在配电线路上进行带电作业，有条件者应首先推广使用绝缘斗臂车作业，尽可能减少在本杆上的操作。有旁路作业车，应尽可能减少直接在带电的配电设备上操作，而是旁路后将设备或一段线段退出运行，对用户仍然正常供电。

（3）在配电线路上进行带电作业，作业人员与接地体或邻相的空气间隙不管能否满足GB 26860—2011《电力作业安全工作规程》规定的安全距离，作业前均需对作业范围内的接地体及邻近的带电体用相应的绝缘遮敞罩进行绝缘遮盖，以保证作业者不慎接触或接近带电体时有足够的绝缘。在作业范围内的适当位置还应安装绝缘隔板以限制作业者的活动范围。

在对带电体和接地体安装各种绝缘遮敞罩或绝缘隔板时，只许用绝缘专用工具在保持安全距离前提下进行，或者戴绝缘手套进行，不得徒手操作。有搭接的部位，其接缝搭接的宽度不得少于15cm，以防从接缝处发生沿面放电。

现场安全遮蔽措施的布置原则，一定要使作业人员在相对相、相对地、人体对地等处均处在良好绝缘、隔离状况。遮盖顺序应该是从近到远、从低到高，拆除时相反。而且，对绝缘服或绝缘隔离工具，不仅要求击穿电压高，而且应具有较高的沿面闪络电压和很小的表面泄漏电流。

（4）根据不同的带电作业方式，正确确定主绝缘和辅助绝缘。如采用操作杆作业法，操作杆是主绝缘，操作人员穿戴的绝缘防护用具则是辅助绝缘；若采用绝缘手套作业法，绝缘斗或杆上绝缘平台是主绝缘，而作业人员的绝缘手套是辅助绝缘。两种作业方法中，绝缘遮蔽用具是后备绝缘。

（5）在配电带电作业中，人身穿戴的全套防护服（某些情况下可以只穿部分防护服，如在绝缘斗内可以不穿绝缘裤）作为辅助绝缘保护十分重要：当主绝缘发生问题或者绝缘遮蔽工具存在缺陷或出现意外电气损坏、跌落时，这时辅助绝缘仍可防止人体同时触及两相或单相对地造成的相间或对地短路。

（6）由于在配电线路上带电作业间隙有限，绝缘杆端部的小工具应尽量缩短金属长度或采用超硬质绝缘材料制作。

（7）在配电线路上带电作业，因为电压较低电场强度较小，用屏蔽服屏蔽电场没有必要。在过去老的带电作业方法中，穿屏蔽服是为了保证作业人员在中性点不直接接地的配电网上万一发生单相接地时能安全地疏通电容电流，现在规定在配电线路上带电作业不允许作业人员穿屏蔽服或戴导电手套采用等电位方式进行作业，因此就不需要屏蔽服的这种功能了。

（8）在配电线路上带电作业要特别做好现场监护工作，如变压器台架被绝缘毯遮盖严实，看不到对面时要设正、反面两个方向的地面监护人。

（9）在配电线路上作业的杆上电工要有丰富的作业经验并头脑清醒，记住作业现场周边情况，熟悉本次带电作业操作方法和程序。

思考题

1. 配电带电作业为何不需要穿戴屏蔽服？
2. 配电带电作业应遵守哪些基本要求？

第二节　采用间接作业法带电断、接引流线

一、带电断引流线作业

1. 人员组合

作业人员共 4 人，即工作负责人（安全监护人）1 人，杆上电工 2 人，地面电工 1 人。

2. 作业步骤

（1）全体作业人员列队宣读工作票。

（2）拉开引流线后端线路开关或变压器高压侧的跌开式熔断器，使所断引流线无负荷。

（3）登杆电工检查登杆工具和绝缘防护用具：穿上绝缘靴、绝缘手套、绝缘安全帽及其他绝缘防护用具。

（4）登杆电工携带绝缘传递绳登杆至适当位置，并系好安全带。

（5）地面电工使用绝缘传递绳将绝缘操作杆和绝缘遮蔽用具分别传至杆上。杆上电工应用绝缘操作杆由近及远对邻近的带电部件安装绝缘遮蔽罩。

（6）地面电工使用绝缘传递绳将绝缘锁杆传给杆上电工。由第一电工用绝缘锁杆锁住靠近线路一端的引流线。

（7）断开引流线可用以下多种方法：

1）缠绕法。地面电工将扎线剪及三齿扒传至杆上，由第二电工将引下线与线路主线连接的绑扎线拆开并剪断。

2）并沟线夹法。地面电工将并沟线夹装拆杆及绝缘套筒扳手传至杆上，由第二电工用并沟线夹装拆杆夹住并沟线夹。然后，交由第一电工稳住并沟线夹装拆杆，第二电工用绝缘套筒扳手拆卸并沟线夹。

3）引流线夹法。地面电工将引流线夹操作杆传至杆上，由第二电工用引流线夹操作杆拆卸引流线夹，使引流线夹脱离主导线。

（8）第一电工用绝缘锁杆锁住引流线徐徐放下，第二电工将放下的引流线固定在横担

或电杆上，防止其摆动或影响作业。

(9) 拆除引流线的另一端，并放下引流线至地面。

(10) 应用上述同样方法可拆除另两相的引流线。

(11) 由远到近地逐步拆除绝缘遮蔽装置，并一一放置于地面。

(12) 检查完毕后，杆上电工返回地面。

3. 安全注意事项

(1) 严禁带负荷断引流线。

(2) 作业时，作业人员对相邻带电体的间隙距离、作业工具的最小有效绝缘长度应满足 GB 26860—2011《电业安全工作规程》、GB/T 18857—2008《配电线路带电作业技术导则》的要求。

(3) 作业人员应通过绝缘操作杆对人体可能触及的区域的所有带电体进行绝缘遮蔽。

(4) 断引应首先从边相开始，一相作业完成后，应迅速对其进行绝缘遮蔽，然后再对另一相开展作业。

(5) 作业时应穿戴齐备安全防护用具。

(6) 申请停用重合闸。

4. 所需专用工具

所需专用工具包括：绝缘传递绳 1 根；绝缘锁杆 1 副；绝缘扎线剪 1 副；绝缘三齿扒 1 副；并沟线夹装拆杆 1 副；绝缘套筒扳手 1 副；引流线夹操作杆 1 副；拉闸操作杆 1 副；导线遮蔽罩、引线遮蔽罩及软质绝缘罩若干；安装遮蔽罩操作杆若干。

5. 说明

在该项作业中，也可以应用绝缘斗臂车或其他绝缘平台，作业人员在绝缘斗臂车（或平台）中，应用绝缘操作杆等工具间接作业，其他作业步骤及安全事项与上述各条相同。

二、接引流线

1. 人员组合

作业人员共 4 人，即工作负责人（安全监护人）1 人，杆上电工 2 人，地面电工 1 人。

2. 作业步骤

(1) 全体作业人员列队宣读工作票。

(2) 拉开引流线后端线路开关或变压器高压侧的跌开式熔断器，使所接引流线无负荷。

(3) 登杆电工检查登杆工具和绝缘防护用具；穿上绝缘靴、绝缘手套、绝缘安全帽及其他绝缘防护用具。

(4) 登杆电工携带绝缘传递绳登杆至适当位置，并系好安全带。

(5) 地面电工使用绝缘传递绳将绝缘操作杆和绝缘遮蔽用具分别传至杆上，杆上电工利用绝缘操作杆由近及远对邻近的带电部件安装绝缘遮蔽罩。

(6) 杆上两名电工相互配合利用绝缘杆（绳）测量所接引线的长度，并由地面电工按测量长度做好引流线。

(7) 地面电工将做好的引流线用绝缘传递绳传至杆上，再将绝缘锁杆传至杆上。

（8）杆上电工可直接接好无电端的引流线（三相引流线可分别连接好，并固定在合适位置以避免摆动）。

（9）带电端引流线的连接可采用以下多种方法：

1）在裸导线上接引流线。

a）缠绕法。地面电工将绑扎线缠绕在绕线器上并注意保证扎线的长度，再传给杆上第二电工。杆上第一电工用绝缘锁杆锁住引流线的另一端，送到带电导线接引位置，杆上第二电工安装绕线器并进行缠绕，直到缠绕长度符合要求为止，地面电工将扎线剪传给杆上，由杆上电工剪掉多余的绑扎线，并放下绕线器。

b）引流线夹法。地面电工将引流线夹操作杆传至杆上，杆上第一电工用绝缘锁杆锁住引流线的另一端，送到带电导线接引位置，杆上第二电工用引流线夹操作杆将引流线夹挂在带电导线上，并拧紧螺栓，使引流线夹与导线紧密固定。

c）并沟线夹法。地面电工将并沟线夹及装拆杆传至杆上，杆上第一电工用绝缘锁杆锁住引流线的另一端，送到带电导线接引位置并固定好，杆上第二电工用并沟线夹装拆杆作业，将并沟线夹安装在线路导线及引流线上，并沟线夹的一槽卡住导线、一槽卡住引流线。地面电工将套筒扳手操作杆传至杆上，由杆上第一电工拧紧并沟线夹各螺栓。

2）在绝缘线上接引流线。

a）缠绕法。杆上电工在需接引流线处确定位置和尺寸，用端部装有绝缘线削皮刀的操作杆沿绝缘线径向绕导线切割，切割时注意不要伤及导线。然后在相距 220～250mm 的两个径向切割处间纵向削导线绝缘皮，注意不要伤及导线。待绝缘皮削去后，用绝缘杆将已缠绕好绑扎线的引流线的另一端（端头已削去绝缘皮），送到已削去绝缘皮的带电导线引流线位置，杆上第二电工安装绕线器并进行缠绕。应注意 $70mm^2$ 及以上的导线缠绕长度为 200mm，地面电工将 3M 胶带传给杆上电工，由杆上电工对裸露部分进行缠绕包扎，以防雨水进入绝缘线内。

b）绝缘线刺穿线夹法。地面电工将绝缘线刺穿线夹及装拆杆传至杆上电工，杆上第一电工用绝缘锁杆锁住引流线的另一端，送到带电绝缘导线接引位置并固定好；杆上第二电工用绝缘线刺穿线夹装拆杆作业，将绝缘线刺穿线夹安装在绝缘线路导线及引流线上。绝缘线刺穿线夹的一个槽卡住绝缘导线，另一槽卡住绝缘引流线。地面电工将绝缘扳手（或套筒扳手）操作杆传给杆上电工，由杆上第二电工拧紧刺穿线夹的上螺母连接处至断裂为止。

应注意，拧紧绝缘线刺穿线夹时一定要拧上边的螺母，待上下螺母间的连接处断裂后，证明刺穿线夹已将绝缘皮刺穿并与导线接触良好。此时不应再拧紧螺母，以免刺伤导线。

引流线夹法与并沟线夹法也可用在绝缘线上，绝缘线去外皮方式等与缠绕法中所述相同。

绝缘线刺穿线夹法如在绝缘斗臂车上作业将更方便。

（10）调整引流线，使之符合安全距离要求且外形美观。

（11）应用上述同样方法可连接另两相的引流线。

（12）由远到近地逐步拆除绝缘遮蔽装置，并一一放置地面。

（13）检查完毕后，将作业工具带回地面，杆上电工返回地面。

3. 安全注意事项

（1）严禁带负荷接引流线，接引流线前应检查并确定所接分支线路或配电变压器绝缘良好无误，相位正确无误，线路上确无人工作。

（2）作业时，作业人员对相邻带电体的间隙距离，作业工具的最小有效绝缘长度应满足《电业安全工作规程》的要求。

（3）作业人员应通过绝缘操作杆对作业范围内的所有带电体进行绝缘遮蔽。

（4）接引线应首先从边相开始，一相作业完成后，应迅速对其进行绝缘遮蔽，然后再对另一相开展作业。

（5）作业时，杆上电工应穿绝缘鞋，戴绝缘手套、绝缘袖套、绝缘安全帽等安全防护用具。

（6）申请停用重合闸。

（7）接引流线时，如采用缠绕法，其扎线材质应与被接导线相同，直径应适宜。

4. 所需专用工具

所需专用工具包括：绝缘传递绳 1 根；绝缘锁杆 1 副；绝缘扎线剪 1 副；并沟线夹装拆杆 1 副；绝缘套筒扳手 1 副；引流线夹操作杆 1 副；绝缘测距杆（绳）1 副；绝缘绕线器 1 副；并沟线夹 1 副；拉闸操作杆 1 副；导线遮蔽罩、引线遮蔽罩及软质绝缘罩若干；安装遮蔽罩操作杆若干；引流线若干。

5. 说明

在该项作业中，也可以应用绝缘斗臂车或其他绝缘平台，作业人员在绝缘斗臂车（或平台）中应用绝缘操作杆等工具间接作业，其他作业步骤及安全事项与上述各条相同。

思 考 题

1. 为什么要严禁带电断、接引流线？
2. 试简述带电接引流线的过程。

第三节 采用绝缘手套作业法断、接引线

绝缘手套作业法断、接引线由于作业简单，安全系数较高，在常规配电网带电作业中占很大比例，本节仅介绍一些常规做法，由于各地配电线路选型的不同，导线排列方式、线间距离、导线连接方式区别很大，工器具也形式多样，所以做法不尽相同。可根据实际情况因地制宜，有针对性地借鉴。

一、绝缘手套作业法断、接引线原理

绝缘手套作业法属于直接作业，作业人员穿戴绝缘防护用具，以绝缘斗臂车的绝缘臂或绝缘梯等绝缘平台为主绝缘，以绝缘遮蔽罩、绝缘毯等绝缘遮蔽措施为辅助绝缘，通过绝缘手套对带电设备进行检修和维护作业。作业中无论作业人员与接地体或邻相间隙是否满足安全距离要求，均需对人体可能触及范围内的带电体和接地体进行绝缘遮蔽，必要时还要增加绝缘挡板等限位措施。

绝缘手套作业法断、接引线作业可视为“在断、接点串入一模拟断路器，断、接引线的过程相当于模拟断路器的分、合闸”。在断、接较短线路（电容电流较小）时，会产生一定的过电压和暂态过电流，但随着线路长度的增加，其暂态过程增长，出现明显的拉弧再现，开断过程中电弧重燃次数也增多，暂态电流峰值也变大，开断与闭合中都会出现较高的过电压，这都因为空气间隙灭弧方式依靠自然熄弧，消弧能力较差，作业人员断、接动作快慢也直接影响断、接过程中的暂态电流峰值、燃弧时间和过电压。

有关实验表明，线路的稳态电容电流达 0.52A 时，断、接引线时的暂态电流峰值可达十几安培，燃弧时间也突然变长，是一个跳跃点。由于人工操作随意性很大，从安全角度考虑，还应预留足够的安全系数。结合断、接空载线路的实际操作经验，建议测量稳态电容电流值小于 0.1A 时可采用直接消弧方式，即作业人员单手持引线迅速脱离，利用空气间隙灭弧；测量稳态电容电流值大于 0.1A 小于 0.3A 时，建议作业人员采用绝缘操作杆夹持引线迅速脱离，利用空气间隙灭弧的直接灭弧方式；测量稳态电容电流值大于 0.3A 时，应用消弧绳进行作业。

二、作业前准备

1. 作业条件

应在良好天气下进行，遇雷电、雪雹、雨雾或空气湿度大于 80%、风力大于 5 级时，不得进行本作业。作业现场应满足绝缘斗臂车绝缘手套作业法作业环境条件，包括停用重合闸等，确认线路的终端开关（断路器或隔离开关）确已断开，接入线路侧的变压器、电压互感器确已退出运行，断引线前后作业点后段无负荷，接引线前作业点后段无短路、接地。

2. 人员组成

作业人员应由具备配电网带电作业资格的工作人员所组成，本项目一般需 4 名工作人员，其中工作负责人 1 名，斗内电工 2 名，地面电工 1 名。

3. 工器具及材料

绝缘手套作业法断、接引线所需的工器具及材料见表 5-1。

表 5-1　绝缘手套作业法断、接引线所需的工器具及材料

工具名称	规格	单位	数量
绝缘绳		条	3
绝缘操作杆	10kV	根	2
绝缘斗臂车		辆	1
绝缘遮蔽罩	10kV	块	若干
机动绞磨	牵引力 0.5	台	1
绝缘服、绝缘袖套、绝缘靴、绝缘手套		套	2
钳形电流表	1A	块	1
绝缘摇表	5000V	块	1
防潮布		块	1
剪刀		把	1

续表

工具名称	规格	单位	数量
钢丝刷		把	1
跳线线夹		副	3
自粘带		卷	若干

三、危险点及防控措施

1. 防触电

(1) 防人身触电措施。在作业过程中，不论线路是否有电，都应始终认为线路有电；必须停用重合闸；应保持对地最小距离不小于0.4m，对邻相导线的最小距离不小于0.6m，绝缘绳索的有效长度不小于0.4m，绝缘操作杆的最小有效长度不小于0.7m。

(2) 防感应电触电。引线未全部断开时，已断开的导线应视为有电，严禁在无措施下直接触及。

2. 防高空坠落

防止高空坠落措施：设专人监护，作业前，绝缘斗臂车应进行空斗操作一次，确认无异常。作业人员应把安全带扣环系好在工作斗的构件上，并戴好安全帽。

四、作业步骤

1. 断引线作业步骤

(1) 列队宣读工作票，分工布置任务和布置安全措施，必要时对工作班成员进行提问，检查工作班成员精神状态。选择合适地点停放绝缘斗臂车，把绝缘斗臂车接地，启动绝缘斗臂车，并空转一次。斗内电工穿戴好安全防护用具，进入绝缘斗，系好安全带。

(2) 检查作业点后段无负载，可以采取人员现场确认或用绝缘摇表测定两种检查形式。

(3) 斗内电工操作绝缘斗臂车进入工作位置，视情况对导线、电杆、横担等做绝缘遮蔽措施，安装绝缘遮蔽罩应遵循“由近至远、从大到小、由低到高”的原则。

(4) 斗内电工握住跳线线夹，拆除引线连接螺栓，单手或预先用操作杆夹住引线，迅速脱离，把拆开的引线固定牢靠，严禁接地。一相拆除完毕，按相同的操作拆除其余两相，一般先拆除两边相，再拆除中相。

(5) 支线塔头拆除完毕，进行相关的检修工作，检修人员与带电部位保持最小0.7m的安全距离。

2. 接引线作业步骤

接引线时，第（1)、(2)、(3）步与断引线相同，其余各步骤如下：

(4) 用摇表检测确认作业点后段无相间短路、接地。

(5) 斗内电工解开一相线头，恢复支线连接，操作时要迅速接触，必须保证作业过程中引线与主线不脱开，防止人体串入电路。一相作业完后，按相同的操作恢复其余两相塔头，一般先恢复中相，再恢复两边相。

(6) 拆除隔离措施，按“由远至近、从小到大、从高到低”的原则进行拆除。

(7) 撤离现场，工作负责人检查后，列队宣布工作结束，终结工作票，人员、工器具撤离现场。

思考题

1. 绝缘手套作业法是不是等电位作业法？为什么？

2. 在什么情况下可直流断引流线？在什么情况下必须要用消弧绳断引流线？

第四节　采用间接作业法带电更换针式绝缘子

一、更换边相针式绝缘子

更换瓷横担绝缘子或其他绝缘子可参照本操作方法进行。

1. 人员组合

作业人员共 5 人，即工作负责人（安全监护人）1 人，杆上电工 2 人，地面电工 2 人。

2. 作业步骤

（1）全体作业人员列队宣读工作票。

（2）登杆电工检查登杆工具和绝缘防护用具；穿上绝缘靴，戴绝缘手套、绝缘安全帽及其他绝缘防护用具。

（3）登杆电工携带绝缘传递绳登杆至适当位置，并系好安全带。

（4）地面电工使用绝缘传递绳，将绝缘操作杆、横担遮蔽罩、导线遮蔽罩、针式绝缘子遮蔽罩逐次传给杆上电工。

（5）杆上电工按照从近至远、从大到小的原则逐次对作业范围内的所有带电部件进行遮蔽，分别将导线遮蔽罩和针式绝缘子遮蔽罩安装到导线和绝缘子上。

（6）地面电工将横担遮蔽罩传至杆上电工，杆上电工将横担遮蔽罩安装在作业相的横担上。

（7）地面电工将多功能绝缘抱杆传至杆上电工，杆上电工在适当的位置将其安装在杆上。抱杆横担接触且支撑住导线。

（8）地面电工将扎线剪及三齿扒传给杆上电工，杆上电工用二齿扒解开扎线，再用扎线剪剪断扎线。

（9）杆上电工摇升多功能抱杆丝杠及抱杆横担辅助丝杠，使导线距离针式绝缘子上端约 0.4m。

（10）杆上电工拆卸需更换的绝缘子。

（11）地面电工在新绝缘子上绑好扎线，再传给杆上电工，杆上电工装上新绝缘子。

（12）杆上电工摇降多功能抱杆丝杠，使导线徐徐降下至针式绝缘子线槽内。

（13）杆上电工用三齿扒在导线上绑好扎线，用扎线剪剪去多余扎线。

（14）杆上电工拆除多功能抱杆，并用绝缘操作杆由远至近逐次拆除横担遮蔽罩、针式绝缘子遮蔽罩、导线遮蔽罩，并一一放置于地面。

（15）检查完毕后，将作业工具传回地面，杆上电工返回地面。

3. 安全注意事项

（1）作业时，作业人员对相邻带电体的间隙距离，作业工具的最小有效绝缘长度应满足电力安全工作规程的要求。

（2）作业人员应通过绝缘操作杆对作业范围内的所有带电体进行绝缘遮蔽。

（3）一相作业完成后，应迅速对其恢复和保持绝缘遮蔽，然后再对另一相开展作业。

（4）作业时，杆上电工应穿绝缘鞋，戴绝缘手套、袖套、绝缘安全帽等安全防护用具。

（5）申请停用重合闸。

（6）拆开绑扎绝缘子与导线的扎线时，必须注意扎线线头不能太长，以免接触接地体。

（7）导线的拉起及放下的速度应均匀而缓慢。

4. 所需专用工具

所需专用工具包括：绝缘传递绳 1 根；导线遮蔽罩、绝缘子遮蔽罩若干；横担遮蔽罩 1 个；遮蔽罩安装操作杆 1 副；多功能绝缘抱杆及附件 1 套；绝缘扎线剪操作杆 1 副；绝缘三齿扒操作杆 1 副；扎线若干。

5. 说明

在该项作业中，也可以应用绝缘斗臂车或其他绝缘平台，作业人员在绝缘斗臂车（或平台）中应用绝缘操作杆等工具间接作业，导线的托起工具也可采用斗臂车上的小吊臂，但吊绳应注意是清洁且干燥的。其他作业步骤及安全事项与上述各条相同。

二、更换中相针式绝缘子（三角排列）

1. 人员组合

作业人员共 5 人，即工作负责人（安全监护人）1 人，杆上电工 2 人，地面电工 2 人。

2. 作业步骤

（1）全体作业人员列队宣读工作票。

（2）登杆电工检查登杆工具和绝缘防护用具；穿上绝缘靴，戴绝缘手套、绝缘安全帽及其他绝缘防护用具。

（3）登杆电工携带绝缘传递绳登杆至适当位置，并系好安全带。

（4）地面电工使用绝缘传递绳，将绝缘操作杆、横担遮蔽罩、导线遮蔽罩、针式绝缘子遮蔽罩逐次传给杆上电工。

（5）杆上电工按照从近至远、从大到小的原则分别对作业范围内的所有带电部件进行遮蔽，先将导线遮蔽罩，再将针式绝缘子遮蔽罩安装到针式绝缘子上。

（6）地面电工将绝缘隔板传至杆上电工，杆上电工用绝缘隔板操作杆将绝缘隔板安装在中相针式绝缘子根部。

（7）地面电工将多功能绝缘抱杆传至杆上电工，杆上电工在适当的位置将其安装在电杆上。抱杆横担接触且支撑住导线。

（8）地面电工将扎线剪及三齿扒传给杆上电工，杆上电工用三齿扒解开扎线，再用扎线剪剪断扎线。

(9) 杆上电工摇升多功能抱杆丝杠及抱杆横担辅助丝杠，使导线徐徐上升，距离针式绝缘子上端约 0.4m。

(10) 杆上电工拆卸中相需更换的绝缘子。

(11) 地面电工在新绝缘子上绑好扎线，再传给杆上电工，杆上电工装上新绝缘子。

(12) 杆上电工摇降多功能抱杆丝杠，使导线徐徐降下至针式绝缘子线槽内。

(13) 杆上电工用三齿扒在导线上绑好扎线，用扎线剪剪去多余扎线。

(14) 杆上电工拆除多功能抱杆，并用绝缘操作杆由远至近逐次拆除绝缘隔板、针式绝缘子遮蔽罩、导线遮蔽罩，并一一放置于地面。

(15) 检查完毕后，将作业工具返回地面，杆上电工返回地面。

3. 安全注意事项

(1) 作业时，作业人员对相邻带电体的间隙距离，作业工具的最小有效绝缘长度应满足《电业安全工作规程》的要求。

(2) 作业人员应通过绝缘操作杆对作业范围内的所有带电体进行绝缘遮蔽。

(3) 作业时，杆上电工应穿绝缘鞋，戴绝缘手套、绝缘袖套、绝缘安全帽等安全防护用具。

(4) 申请停用重合闸。

(5) 拆开绑扎绝缘子与导线的扎线时，必须注意扎线线头不能太长，以免接触接地体。

(6) 导线的拉起及放下的速度应均匀而缓慢。

4. 所需专用工具

所需专用工具包括：绝缘传递绳 1 根；导线遮蔽罩、绝缘子遮蔽罩若干；绝缘隔板 1 块；遮蔽罩安装操作杆 1 副；绝缘隔板操作杆 1 副；多功能绝缘抱杆及附件 1 套；绝缘扎线剪操作杆 1 副；绝缘二齿扒操作杆 1 副；扎线若干。

5. 说明

在该项作业中，也可以应用绝缘斗臂车或其他绝缘平台，作业人员在绝缘斗臂车（或平台）中应用绝缘操作杆等工具间接作业，导线的托起工具也可采用斗臂车上的小吊臂，但吊绳应注意是清洁且干燥的。其他作业步骤及安全事项与上述各条相同。

思　考　题

1. 多功能绝缘抱杆在用间接作业法带电更换针式绝缘子中有何作用?
2. 用间接作业法带电更换针式绝缘子时，应注意哪些事项?

第五节　采用间接作业法带电更换跌开式熔断器和避雷器

一、带电更换跌开式熔断器（无负荷状态）

1. 人员组合

作业人员共 4 人，即工作负责人（监护人）1 人，杆上电工 1 人，梯上电工 1 人，地面电工 1 人。

2. 作业步骤

(1) 全体作业人员列队宣读工作票，讲解作业方案，布置任务和分工。

(2) 地面电工用拉闸杆断开作业现场的三相跌开式熔断器，取下纸箔管。经验电确认变压器低压侧已经停电。

(3) 全体作业人员配合，在适当的位置竖立好人字绝缘梯，并验证稳定性能良好，若不采用绝缘梯，也可采用绝缘斗臂车作为作业平台。

(4) 杆上电工和梯上电工检查作业工具和绝缘防护用具；穿上绝缘靴，戴上绝缘手套、绝缘安全帽及其他绝缘防护用具。

(5) 登杆电工携带绝缘传递绳登杆至适当位置，并系好安全带。

(6) 梯上电工检查人字梯确认其稳定性后，方可携带绝缘传递绳登梯，并系好安全带。

(7) 地面电工使用绝缘传递绳将绝缘隔板传给杆上电工，并安装在横担上，以起到相间隔离的作用。

(8) 地面电工使用绝缘传递绳将绝缘操作杆和绝缘遮蔽用具分别传给杆上电工和梯上电工。杆上电工和梯上电工用绝缘操作杆按照从近至远的原则对作业范围内的所有带电部件安装遮蔽罩。

(9) 地面电工将绝缘锁杆传至杆上电工，杆上电工用其锁住跌开式熔断器上桩头的高压引下线。

(10) 地面电工将棘轮扳手操作杆传至梯上电工，梯上电工用棘轮扳手操作杆拆除跌开式熔断器上桩头接线螺栓。

(11) 杆上电工用绝缘锁杆将高压引线挑至离跌开式熔断器大于 0.4m 的位置，并挟持固定，若受杆上设备布置的限制而不能确保这一距离时，应对高压引线进行遮蔽和隔离。

(12) 经检查确认被更换跌开式熔断器距周围带电体的安全距离满足 GB 26860—2011《电业安全工作规程》的要求，且做好了与相邻相的各种绝缘隔离和遮蔽措施后，经工作负责人的监护和许可，梯上电工手戴绝缘手套，拆除跌开式熔断器下桩头引流线及跌开式熔断器。然后，安装新跌开式熔断器及下桩头引流线。

(13) 杆上电工用绝缘锁杆将高压引线送至跌开式熔断器上桩头，梯上电工用棘轮扳手操作杆拧紧跌开式熔断器上桩头螺母。

(14) 杆上电工拆除绝缘锁杆，并调整高压引线，使尺寸符合安全距离要求且美观。

(15) 杆上电工和梯上电工拆除绝缘隔板和各种遮蔽用具，并返回地面。

(16) 地面电工用拉杆合上跌开式熔断器，经工作负责人许可，确认设备正常后，合闸送电。

(17) 拆除绝缘梯，清理现场。

3. 安全注意事项

(1) 检查并确认设备低压侧应无负荷。

(2) 在被作业的跌开式熔断器与其他带电体之间应安装隔离和遮蔽装置。

(3) 作业时，作业人员与相邻带电体的间隙距离、作业工具的最小有效绝缘长度均应满足《电业安全工作规程》的要求。

(4) 作业人员在拆除旧跌开式熔断器及安装新跌开式熔断器时，应始终戴绝缘手套，上桩头高压引线拆下后应在作业人员最大触及范围之外。

(5) 申请停用重合闸。

4. 所需专用工具

所需专用工具包括：人字绝缘梯（或绝缘斗臂车）1 架（1 台）；绝缘传递绳 2 根；绝缘隔板 2 块；引线遮蔽罩视现场情况决定；绝缘拉闸杆 1 副；绝缘锁杆 1 副；棘轮扳手操作杆 1 副；遮蔽罩安装操作杆 1 副；绝缘隔板操作杆 1 副。

二、带电更换避雷器

1. 人员组合

作业人员共 4 人，即工作负责人（安全监护人）1 人，杆上电工 1 人，梯上电工 1 人，地面电工 1 人。

2. 作业步骤

(1) 全体作业人员列队宣读工作票，讲解作业方案，布置任务和分工。

(2) 全体作业人员配合，在适当的位置竖立好人字绝缘梯，并验证稳定性能良好，若不采用绝缘梯，也可采用绝缘斗臂车作为作业平台。

(3) 杆上电工和梯上电工检查作业工具和绝缘防护用具；穿上绝缘靴、绝缘手套、绝缘安全帽及其他绝缘防护用具。

(4) 登杆电工携带绝缘传递绳登杆至适当位置，并系好安全带。

(5) 梯上电工检查人字梯确认其稳定性后，方可携带绝缘传递绳登梯，并系好安全带。

(6) 地面电工使用绝缘传递绳将绝缘隔板传给杆上电工，并安装在横担上，以起到相间隔离的作用。

(7) 地面电工使用绝缘传递绳，将绝缘操作杆和绝缘遮蔽用具分别传给杆上电工和梯上电工。杆上电工和梯上电工用绝缘操作杆按照从近至远的原则对作业范围内的所有带电部件安装遮蔽罩。

(8) 地面电工将绝缘锁杆传至杆上电，杆上电工用其锁住避雷器上桩头的高压引下线。

(9) 地面电工将棘轮扳手操作杆传至梯上电工，梯上电工用棘轮扳手操作杆拆除避雷器上桩头接线螺栓。

(10) 杆上电工用绝缘锁杆将高压引线挑至离避雷器大于 0.4m 的位置，并扶持固定。若受杆上设备布置的限制而不能确保这一距离时，应对高压引线进行遮蔽和隔离。

(11) 经检查确认被更换避雷器距周围带电体的安全距离满足《电业安全工作规程》的要求，且做好了与相邻相的各种绝缘隔离和遮蔽措施后，经工作专责人的监护和许可，梯上电工手戴绝缘手套，拆除避雷器下桩头接地线及旧避雷器，然后，安装新避雷器及下桩头接地线。

(12) 杆上电工用绝缘锁杆将高压引线送至避雷器上桩头；梯上电工用棘轮扳手操作杆拧紧避雷器上桩头螺母。

(13) 杆上电工拆除绝缘锁杆，并调整高压引线，使尺寸符合安全距离要求且美观。

(14) 杆上电工和梯上电工拆除绝缘隔板和各种遮蔽用具，并返回地面。

(15) 拆除绝缘梯，清理现场。

3. 安全注意事项

(1) 在被作业的避雷器与其他带电体之间应安装隔离和遮蔽装置。

(2) 作业时，作业人员与相邻带电体的间隙距离，作业工具的最小有效绝缘长度均应满足《电业安全工作规程》的要求。

(3) 作业人员在拆除旧避雷器及安装新避雷器时，应始终戴绝缘手套，上桩头高压引线拆下后应在作业人员最大触及范围之外。

4. 所需专用工具

所需专用工具包括：人字绝缘梯（或绝缘斗臂车）1 架（1 台）；绝缘传递绳 2 根；绝缘隔板 2 块；引线遮蔽罩、导线遮蔽罩、软质遮蔽毯视现场情况决定；绝缘拉闸杆 1 副；绝缘锁杆 1 副；棘轮扳手操作杆 1 副；遮蔽罩安装操作杆 1 副；绝缘隔板操作杆 1 副。

思　考　题

1. 采用间接作业法带电更换跌落式熔断器时，应先拆除上桩头引线还是先拆除下桩头引线？为什么？

2. 采用间接作业法带电更换避雷器时，应注意哪些事项？

第六节　采用直接作业法更换针式绝缘子和横担

一、更换针式绝缘子

1. 人员组合

作业人员共 4 人，即工作负责人（安全监护人）1 人，斗上电工 2 人，地面电工 1 人。

2. 作业步骤

(1) 全体作业人员列队宣读工作票，讲解作业方案、布置任务、进行分工。

(2) 将绝缘斗臂车定位于最适于作业的位置，打好接地桩，连上接地线。

(3) 注意避开邻近的高低压线路及各类障碍物，选定绝缘斗臂车的升起方向和路径。

(4) 在绝缘斗臂车和工具摆放位置四周围上安全护栏和作业标志。

(5) 斗中电工检查绝缘防护用具，穿上绝缘靴、绝缘手套、绝缘安全帽、绝缘服（披肩）等全套绝缘防护用具。

(6) 斗中电工携带作业工具和遮蔽用具进入工作斗，工具和遮蔽用具应分类放置在斗中和工具袋中，作业人员要系好安全带。

(7) 在工作斗上升途中，对可能触及范围内的低压带电部件也需进行绝缘遮蔽。

(8) 工作斗定位于便于作业的位置后，首先对离身体最近的边相导线安装导线遮蔽罩，套人的遮蔽罩的开口要翻向下方，并拉到靠近绝缘子的边缘处，用绝缘夹夹紧以防脱落。

(9) 绝缘子两端边相导线遮蔽完成后，采用绝缘子遮蔽罩对边相绝缘子进行绝缘遮蔽，要注意导线遮蔽罩与绝缘子遮蔽罩有 15cm 的重叠部分，必要时用绝缘夹夹紧以防脱落。

(10) 按照从近至远、从大到小、从低到高的原则，采用以上同样遮蔽方式，分别对在作业范围内的所有带电部件进行遮蔽。若是更换中相绝缘子，则三相带电体均必须完全遮蔽。

(11) 采用横担遮蔽用具对横担进行遮蔽，若是更换三角排列的中相针式绝缘子，还应对电杆顶部进行绝缘遮蔽，若杆塔有拉线且在作业范围内，还应对拉线进行绝缘遮蔽。

(12) 遮蔽作业完成后可采用多种方式更换绝缘子。

1) 小吊臂作业法。

a) 用斗臂车上小吊臂的吊带轻吊托起导线。

b) 取下欲更换绝缘子的遮蔽罩。

c) 解开绝缘子绑扎线。在解绑扎线的过程中要注意边解边卷。一要防止绑扎线展延过长接触其他物体；二要防止绑扎线端部扎破绝缘手套。

d) 绑线解除后，将导线吊起离绝缘子顶部大于 0.4m。

e) 更换绝缘子。

f) 绝缘小吊臂使导线缓缓下至绝缘子槽内。

g) 绑上扎线（注意扎线应捆成圈，边扎边解），剪去多余扎线。

h) 对已完成作业相恢复绝缘遮蔽。

2) 遮蔽罩作业法。

a) 取下欲更换绝缘子的遮蔽罩。

b) 解开绝缘子绑扎线，解开绑线时要注意保持导线在线槽内。

c) 将两端导线遮蔽罩拉在一起，接缝处应重叠 15cm 以上。

d) 将导线遮蔽罩开口朝上，并注意使接缝处避开横担。

e) 通过导线遮蔽罩和横担遮蔽罩双层隔离，将导线放到横担上。

f) 更换绝缘子。

g) 抬起导线，挪开导线遮蔽罩，将导线放至绝缘子槽内，转动导线遮蔽罩使开口朝向下方。

h) 绑上扎线（注意扎线应捆成圈，边扎边解），剪去多余扎线。

i) 对已完成作业相恢复绝缘遮蔽。

(13) 重复应用以上方法更换其他相绝缘子。

(14) 全部作业完成后，由远至近依次拆除横担遮蔽罩、绝缘子遮蔽罩、导线遮蔽罩等。

(15) 检查完毕后，移动工作斗至低压带电导线附近，拆除低压带电部件上的遮蔽罩。

(16) 工作斗返回地面，清理工具和现场。

3. 安全注意事项

(1) 斗中电工应穿绝缘服，戴绝缘手套、绝缘安全帽等安全防护用具。

(2) 一相作业完成后，应迅速对其恢复和保持绝缘遮蔽，然后再对另一相开展作业。

(3) 申请停用重合闸。

(4) 绝缘手套外应套防刺穿手套。

4. 所需专用工具

所需专用工具包括：10kV 绝缘斗臂车（带绝缘小吊臂）1 辆；绝缘子遮蔽罩、导线遮蔽罩、横担遮蔽罩、绝缘毯等视现场情况决定；扎线若干。

二、更换横担

1. 人员组合

作业人员共 4 人，即工作负责人（安全监护人）1 人，斗中电工 2 人，地面电工 1 人。

2. 作业步骤

(1) 全体作业人员列队宣读工作票，讲解作业方案、布置任务、进行分工。

(2) 将绝缘斗臂车定位于最适于作业的位置，打好接地桩，连上接地线。

(3) 注意避开邻近的高低压线路及各类障碍物，选定绝缘斗臂车的升起方向和路径。

(4) 在绝缘斗臂车和工具摆放位置四周围上安全护栏和作业标志。

(5) 斗中电工检查绝缘防护用具，穿上绝缘靴、绝缘手套、绝缘安全帽、绝缘服（披肩）等全套绝缘防护用具。

(6) 斗中电工携带作业工具和遮蔽用具进入工作斗，工具和遮蔽用具应分类放置在斗中和工具袋中，作业人员要系好安全带。

(7) 在工作斗上升途中，对可能触及范围内的低压带电部件也需进行绝缘遮蔽。

(8) 工作斗定位于便于作业的位置后，首先对离身体最近的边相导线安装导线遮蔽罩，套入的遮蔽罩的开口要翻向下方，并拉到靠近绝缘子的边缘处，用绝缘夹夹紧以防脱落。

(9) 绝缘子两端边相导线遮蔽完成后，采用绝缘子遮蔽罩对边相绝缘子进行绝缘遮蔽，要注意导线遮蔽罩与绝缘子遮蔽罩有 15cm 的重叠部分，必要时用绝缘夹夹紧以防脱落。

(10) 按从近至远、从大到小、从低到高的原则，采用以上同样遮蔽方式，分别对三相带电体进行绝缘遮蔽。

(11) 采用横担遮蔽用具对横担进行遮蔽，采用绝缘毯等用具对电杆顶部进行绝缘遮蔽。若杆塔有拉线且在作业范围内，还应对拉线进行绝缘遮蔽。

(12) 更换旧横担，可采用以下方式：

1) 杆上安装临时绝缘横担。

a) 对齐安装方向，使临时横担与原横担平行。安装 U 形固定螺栓或其他装置，使横担固定无晃动。临时绝缘横担的导线托槽，应略高于绝缘子顶端。

b) 对 U 形螺栓或其他接地构件进行绝缘遮蔽，并用绝缘夹或绝缘绳扎紧使不脱落。

c) 取下边相绝缘子遮蔽罩，拆除绑扎线。拆除绑扎线时要注意边折边卷。

d) 托起导线，使导线遮蔽罩开口向上并对接起来，使接缝处有 15cm 以上的重叠，将导线移至临时绝缘横担的托槽内。

e) 采用以上同样方式将其他相导线移至绝缘横担上。

f）拆除旧横担，安装新横担。在新横担上应设置好绝缘遮蔽用具。

g）装上新横担且检查所有接地构件遮蔽完好后，将导线移至新横担上绝缘子线槽内。注意挪好导线后使导线遮蔽罩的开口朝下。

h）绑上绑扎线，注意扎线另一端应卷成团握于手中，边绑边展。

i）剪去多余扎线，安装绝缘子遮蔽罩。注意绝缘子遮蔽罩应与导线遮蔽罩接缝处重叠。

j）用以上方法，按顺序完成其他相导线的移动和绑扎。

k）卸下临时绝缘横担，拆除接地构件的绝缘遮蔽用具。

2）斗臂车上配戴绝缘横担。

a）作业人员对工作范围内的三相导线进行遮蔽。

b）使导线对齐进入绝缘横担的线槽托架，操作斗臂车的液压装置适当向上托住导线。

c）取下绝缘子遮蔽罩，解开绑扎绳，使两端导线遮蔽罩对接起来，一相结束后用同样的方式进行下一项作业。

d）操作斗臂车的液压装置升起绝缘斗臂车上绝缘横担，使导线上升距原横担 0.4m 以上。

e）拆除旧横担，安装新横担，对新横担安装绝缘遮蔽用具。

f）下降绝缘斗臂车上绝缘横担，将导线置入新装横担的绝缘子线槽内，并绑上扎线。

g）一相作业完成后，装上绝缘子遮蔽罩，逐次进行下一项作业。

（13）按从远至近、从大到小、从高到低的原则逐次拆除横担遮蔽用具、绝缘子遮蔽用具和导线遮蔽用具，拆除时注意身体与带电部件保持安全距离。

（14）检查完毕后，移动工作斗至低压带电导线附近，拆除低压带电部件上的遮蔽罩。

（15）工作斗返回地面，清理工具和现场。

3. 安全注意事项

（1）斗中电工应穿绝缘服，戴绝缘手套、绝缘安全帽等安全防护用具。

（2）一相作业完成后，应迅速对其恢复和保持绝缘遮蔽，然后再对另一相开展作业。

（3）申请停用重合闸。

（4）绝缘手套外应套防刺穿手套。

4. 所需专用工具

所需专用工具包括：10kV 绝缘斗臂车（带绝缘小吊臂）1 辆；绝缘子遮蔽罩、导线遮蔽罩、横担遮蔽罩、绝缘毯等视现场情况决定；扎线及扎线剪若干；临时绝缘横担 1 副。

三、修补导线

1. 人员组合

作业人员共 3 人，即工作负责人（安全监护人）1 人，斗中电工 1 人，地面电工 1 人。

2. 作业步骤

（1）全体作业人员列队宣读工作票，讲解作业方案、布置任务、进行分工。

（2）根据杆上电气设备布置，将绝缘斗臂车定位于最适于作业的位置，打好接地桩，连上接地线。

（3）注意避开邻近的高低压线路及各类障碍物，选定绝缘斗臂车的升起方向和路径。

（4）在绝缘斗臂车和工具摆放位置四周围上安全护栏和作业标志。

（5）斗中电工检查绝缘防护用具，穿上绝缘靴、绝缘服，戴绝缘手套、绝缘安全帽（披肩）等全套绝缘防护用具。

（6）斗中电工携带作业工具和遮蔽用具进入工作斗，工具和遮蔽用具应分类放置在斗中和工具袋中，作业人员要系好安全带。

（7）在工作斗上升途中，对可能触及范围内的低压带电部件也需进行绝缘遮蔽。

（8）工作斗定位于便于作业的位置后，首先对离身体最近的边相导线安装导线遮蔽罩，套入的遮蔽罩的开口要朝向下方，并拉到靠近绝缘子的边缘处，用绝缘夹夹紧以防脱落。

（9）按照从近至远、从大到小、从低到高的原则，采用以上遮蔽方法，分别对作业范围内的带电体进行遮蔽。若是修补中相导线，则三相带电体全部遮蔽。若修补位置临近杆塔或构架，还必须对作业范围内的接地构件进行遮蔽。

（10）移开欲修补位置的导线遮蔽罩，尽量小范围地露出带电导线，检查损坏情况。

（11）用扎线或预绞丝或钳压补修管等材料修补导线，注意绝缘手套外应套有防刺穿的防护手套。

（12）一处修补完毕后，应迅速恢复绝缘遮蔽，然后进行另一处作业。

（13）全部修补完毕后，由远至近拆除导线遮蔽罩和其他遮蔽装置。

（14）检查完毕后，移动工作斗至低压带电导线附近，拆除低压带电部件上的遮蔽罩。

（15）工作斗返回地面，清理工具和现场。

3. 安全注意事项

（1）斗中电工应穿绝缘鞋，戴绝缘手套、绝缘袖套、绝缘安全帽等安全防护用具。

（2）一相作业完成后，应迅速对其恢复和保持绝缘遮蔽，然后再对另一相开展作业。

（3）申请停用重合闸。

（4）绝缘手套外应套防刺穿手套。

4. 所需专用工具

所需专用工具包括：10kV 绝缘斗臂车 1 辆；导线遮蔽罩及其他遮蔽装置视现场作业情况决定；修补导线用材料若干。

思　考　题

1. 用直接作业法与间接作业法更换针式绝缘子式，有哪些区别？各有何优缺点？

2. 用直接作业法进行带电更换横担时，应采取哪些防护措施？

第六章　送电线路部分带电作业项目

第一节　用固定火花间隙带电检测线路绝缘子

火花间隙检测器的间隙可以分为固定式的和可变式的两种。固定式火花间隙检测器非常简单，只能分辨绝缘子的“好”与“劣”，可变式火花间隙检测器比较复杂，可粗略地测出绝缘子两端电压的大小。而我们的目的，只要能检测出绝缘子两端电压低于某最小值，说明它的绝缘性能已非常低就行了，并不关心整串绝缘子的电压分布以及某片绝缘子所承受电压的大小。所以，多年来，我国在线路上带电检测盘式绝缘子大都采用固定火花间隙法，它的工具轻便简单，使用方便高效，保管运输要求不严，虽然不能测出绝缘子两端电压的大小，但可以准确地检测出零值或低质劣值绝缘子，深受工人师傅的喜爱。目前500kV线路绝缘子的检测，还是以这种方法为主。

上述检测器，都安装在一根长2～3m（500kV则更长）带锥度的、一节一节可拉出伸长或缩回收短的绝缘杆前端，所以，检测器的轻重，工人最为关心。这也是固定火花间隙检测器得以广泛应用的原因。

一、固定火花间隙检测器的原理（主要是间隙整定问题）

固定火花间隙检测器就是一个距离固定不变的，也就是放电电压基本不变的、小的火花放电间隙。由于球-球间隙的放电电压分散性比较小，较针-板和针-针间隙好，所以DL 415—01《带电作业用火花间隙检测装置》规定用球-球间隙（球径3mm），也可用针-针间隙（针尖0.5mm，尖角成60°锥角）。

该间隙的放电电压调节到绝缘子串分布电压中最小值的50%的电压值。在检测过程中，当间隙的两根测针与绝缘子片两端的铁帽接触良好时，相当于该间隙与这片绝缘子并联。若这片绝缘子是良好的，则分布在该绝缘子两端的电位差，将击穿并联在其旁的火花间隙，产生火花放电，检测者能听到“劈劈啪啪”的放电响声；若被检测绝缘子是不良的（零值或低值），则分布在该绝缘子上的电位差等于零或很小，就不可能击穿并联在其旁的火花间隙，检测者听不到“劈劈啪啪”的放电响声。根据火花间隙的放电与否，有经验的检测者就能辨别出绝缘子的好坏。这就是火花间隙检测器的原理。

如何确定固定火花间隙检测器的放电电压，也就是说如何调整它的间隙距离？必须先了解绝缘子串的电压分布和间隙放电特性。

绝缘子串的正常分布电压见表6-1。

我国以往使用的火花间隙电极大都为针-针间隙，而球-球间隙的电极形状放电分散性最小。考虑到分散性小和过去实际使用的电极形状，采用了球-球间隙和针-针间隙两种电极，并用此两种电极所组合的不同间隙距离进行了放电试验，其试验结果见表6-2。

根据表6-2的试验结果，绘制出了针-针和球-球电极空气间隙与工频放电电压的关系曲线，如图6-1所示。

表 6－1　　绝缘子串正常分布电压

额定电压/kV	绝缘子片数		绝缘子分布电压/kV													
			1	2	3	4	5	6	7	8	9	10	11	12	13	14
35	3		6	5	9											
	4		4	3.5	4.5	8.0										
110	7		9.0	6.0	5.0	7.0	8.5	10	18.5							
	8		8.0	5.0	5.0	4.5	6.5	8	10	17						
220	13		7.7	6.4	5.9	5.9	6.2	6.8	7.0	7.5	8.9	11.9	12.1	18.3	22.4	
	14		8.0	6.0	5.5	5.0	5.0	5.0	5.0	6.0	6.5	7.0	9.0	12	17	30
330	20		9.0	8.0	7.5	7.0	6.5	6.0	6.0	6.0	6.5	7.0	7.5	8.0	9.0	10.0
	21		8.5	7.5	7.0	6.5	6.0	5.5	5.5	5.5	6.0	6.5	8.5			
500	28	边	11.5	10.5	9.5	8.5	8.0	7.5	7.0	7.0	7.0	7.0	7.0	7.0	7.0	7.0
		中	9.5	8.5	8.0	7.5	7.0	6.5	6.5	6.5	6.5	6.5	6.5	7.0	7.0	7.0

额定电压/kV	绝缘子片数		绝缘子分布电压/kV													
			15	16	17	18	19	20	21	22	23	24	25	26	27	28
330	20		11	12	13.5	15	16.5	18.5								
	21		9.5	10.5	12	13	15	16.5	18.5							
500	28	边	7.5	8.0	8.5	9.0	9.5	10	11	12	13	14.5	16	17.5	19.5	21.5
		中	7.5	8.0	8.5	9.0	9.5	10	11.5	13	14.5	16	17.5	19.5	21	22.5

注　1. 绝缘子编号从横担侧算起。

2. 本表取自不同的试验（或推荐）结果，可能与某些推荐数值有些差异，仅供参考。

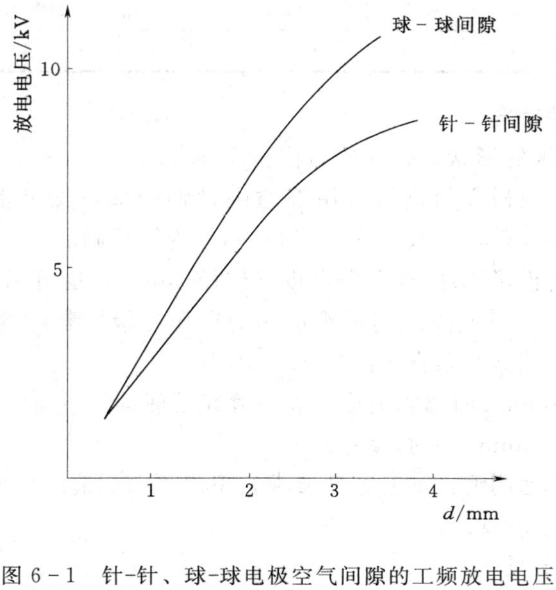

图 6－1　针-针、球-球电极空气间隙的工频放电电压

表 6-2　　球-球间隙和针-针间隙两种电极的工频击穿试验电压

击穿电压/kV 间隙距离/mm	针-针间隙		球-球间隙	
	平均值	修正值	平均值	修正值
0.5	2.05	2.07	2.05	2.09
1.0	3.48	3.52	3.62	3.70
1.5	4.34	4.39	4.85	4.95
2.0	5.25	5.30	6.31	6.44
2.5	6.24	6.31	7.44	7.60
3.0	6.97	7.05	8.25	8.42
3.5	7.02	7.10	9.21	9.41
4.0	7.79	7.88	10.35	10.57
4.5	8.90	9.01	10.99	11.23

根据表 6-1 各级电压的绝缘子分布电压值，取最低正常分布电压值的 50%作为低值标准，再按图 6-1 曲线查得的间隙距离就是火花间隙的距离，见表 6-3。

表 6-3　　各电压等级火花间隙的间隙距离

额定电压/kV	绝缘子串最低正常分布电压值/kV	50%最低正常分布电压值/kV	按 50%最低正常分布电压值的 0.9 得出的相应间隙距离/mm	
			球-球间隙	针-针间隙
110	4.5	2.25	0.5	0.5
220	5.0	2.50	0.6	0.65
330	5.5	2.75	0.6	0.65

二、固定火花间隙标准

（一）固定火花间隙的形状、各部件名称和尺寸

（1）材料。探针、电极和固定架可用普通碳素钢制成，支承板可用电性能符合 GB 5129.5—1985《环氧层压玻璃布板》中要求的 3mm 绝缘板制成。

（2）电极。间隙电极可用球-球间隙电极（球径 3mm），也可用尖-尖间隙电极（尖径 5mm、尖角成 60°锥角）。其间隙距离可按适用的电压等级调整。两电极组装后中心线应在一条直线上，其最大偏移必须在±0.1mm 范围内。

（3）探针。直径 3mm，前端成尖形，表面镀锌处理。

（4）固定架。直径 6mm，表面镀锌处理。

（5）工作头。采用通用型，如有特殊要求，用户可向制造厂提出。

（6）重量。不超过 200g。

（二）检查、试验分类

形式试验、出厂试验和验收项目见表 6-4。

表 6-4　固定火花间隙形式试验、出厂试验和验收项目

顺序	试验项目	形式试验	出厂试验	验收试验
1	外观及外形尺寸检查	√	√	√
2	间隙调整检查	√	√	√
3	间隙放电试验	√	√	√
4	支承板平行层向耐电压试验	√	√	√

注　打“√”者表示必须进行的试验项目。

（三）形式试验

制造厂家对定型前产品应按本标准规定进行形式试验。如改变材料、电极形状和结构尺寸或变更设计影响产品性能时，应重新进行形式试验。

形式试验的样品，不应少于 3 套，且均能通过表 6-4 中所列的全部试验项目。如任一样品有任何一个试验未通过，则应加倍抽样重新试验，如仍未通过，则认为该产品型式试验未通过。

1. 外观及外形尺寸检查

（1）外观检查。检查内容应包括整体外形、材料、工艺和标志。

（2）外形尺寸检查。

1）外形尺寸应符合规定。

2）电极形状、尺寸、表面粗糙度和两电极中心线组装后的偏移应符合要求。

2. 间隙调整检查与放电试验

（1）间隙调整检查。主要是检查两电极的可调性及有无卡死或过于松动现象，以免影响间隙的放电电压。

（2）间隙放电试验。

1）间隙放电试验在工频电压作用下进行。试验电压波形、试验条件和试验程序符合 GB 311.2—6—1983《高电压试验技术》中的规定。

2）检测各电压等级悬式绝缘子串零值或低值绝缘子时，相应的间隙距离见表 6-5。调整间隙距离时，应使用专用塞尺。

3）间隙放电试验的次数不应少于 10 次，每次试验间隔时间为 1min，取 10 次放电试验平均值，校正到标准状态后，符合图 6-1 中相应电极形状的空气间隙放电电压与间隙距离关系曲线要求。

表 6-5　固定火花间隙的间隙距离

额定电压/kV	间隙距离/mm	
	球-球电极	尖-尖电极
110	0.5	0.5
220	0.6	0.65
500		

三、固定火花间隙检测器的应用范围

根据 GB 26860—2011《电力作业安全工作规程》第 213 条第二款规定，除“针式及

少于 3 片的悬式绝缘子不得使用火花间隙检测器进行检测”外，只要是 3 片及 3 片以上，电压等级为 35～500kV 的盘型绝缘子，无论是悬垂串还是耐张串都可以检测。

直流线路绝缘子用上述普通的火花间隙检测器不能检测。

四、用固定火花间隙检测 35～220kV 线路绝缘子

用固定火花间隙检测零值绝缘子要注意以下几点。

1. 从横担侧开始检测

因为绝缘子串电压分布中，靠电线侧每片绝缘子所承受的电位差 ΔU_1 比靠横担侧每片绝缘子所承受的电位差 ΔU_2 要大（表 6－1）从安全上说应该从电压低的横担侧逐渐向电压高的电线侧检测。

2. 发现疑似零值绝缘子要反复测量几次

当固定火花间隙的两根接触棒压向绝缘子两侧时，由于板材变形，使距离只有 1mm 的固定火花间隙互相接触在一起，当然就听不到放电声，就把这片绝缘子误判为零值绝缘子。所以在听不到“啪啪”的放电声时，不要马上就判断该绝缘子为零值，要把火花间隙翻过来再检测一两次，确无放电声后才定为零值。

五、用固定火花间隙检测 500kV 线路绝缘子

随着 500kV 超高压输电线路的出现，人们担心用固定火花间隙检测绝缘子不能满足要求，因此，相继研制成功很多检测仪器。但总的趋向是原理越来越先进，结构越来越复杂，重量越来越重，价格越来越贵，给携带、使用、保管、维修都带来一定困难。工人仍喜欢用结构简单、操作方便、价格低廉的固定火花间隙检测器。出于这些原因，工人还是想把固定火花间隙检测器使用到 500kV 线路绝缘子串的检测上。据《东北电力技术》1992 年第二期的报导，东北辽阳电业局于 1985 年开始在 500kV 线路上使用固定火花间隙检测绝缘子，共检测出劣质绝缘子 220 片。准确率达到 100%。因此，他们认为在 500kV 线路上使用固定火花间隙检测绝缘子的方法是可行的，而且具有操作简单、实用、重量轻、操作方便等优点。现在不但东北在用，在全国各地也普遍使用固定火花间隙来检测绝缘子。

东北辽阳电业局的具体做法如下：

固定火花间隙的大小根据绝缘子串的分布电压最低值确定为 2mm（现在一般是 2.5～3.0mm）。

绝缘操作杆由不同直径的 4 段组成，每段 1.5m，总共长 6m。

检测直线绝缘子 2 人为一组，一人检测，一人监护。检测耐张绝缘子要 3 个人，2 人检测，一人监护。

在 500kV 线路上检测绝缘子时，操作人员应穿全套合格的静电防护服或屏蔽服。站在横担上，从横担侧第一片绝缘子开始检测。检测悬垂绝缘子时，绝缘操作杆应与悬垂绝缘子串保持约 10°的夹角。检测耐张绝缘子串时，可能多数情况要一个人吊住操作杆。每串良好绝缘子片数不得少于 23 片。

用固定火花间隙短接绝缘子时，随着绝缘子串每片电压的不同，放电响声有所变化。对于良好绝缘子，如果绝缘子片承受的电压高，放电响声就大，并且声音很脆；如果绝缘子片承受的电压低，放电响声就小些，但也还能听得到。对于靠近导线侧的劣质绝缘子，

由于受高电压的影响而发出蜂鸣声，这并非是放电的声音，要注意区别。

检测中发现劣质绝缘子时应重复两三次进行核实，并与邻近绝缘子进行比较。

据东北某电业局的报导，该局对500kV线路131.7km、263基塔进行绝缘子检测。为摸索检测方法，首先采用自爬式绝缘检测器，经过多次反复试用，发现自爬式绝缘子检测器爬行不自如，有时卡在某一不规则的绝缘子处，给现场使用造成困难。固定火花间隙检测方法简单、轻便、速度快、准确率高，只需一个人操作，容易掌握，所以决定采用固定火花间隙检测法检测。他们将火花间隙的距离放到2.5～3.0mm。对264基共34643片绝缘子进行了检测，共检测出劣质绝缘子76片，劣化率为0.00219。该局将上述绝缘子更换下来复核，其中2片是好的，3片是低值的，其余都是零值的，检测正确率达97%。

通过检测得出了以下结论：

(1) 采用火花间隙检测杆，只要人员经过培训，按要求操作，在500kV线路上检测零值绝缘子是能够达到预期目的的，准确率可达95%以上。

(2) 这种方法既轻便又简单，根据音响能够准确地判断出低、零值绝缘子。

六、±500kV直流输电线路绝缘子检测

交流线路带电作业检测绝缘子所用的火花间隙法不能用来检测直流线路绝缘子。这是因为直流输电线路绝缘子串上电位分布主要取决于绝缘子的直流电阻和空间电场，同时直流输电线路的电场分布还受离子流的影响，在污秽严重、湿度较大时难以测定。而交流输电线路绝缘子串上电位分布主要是由绝缘子自身电容、对横担电容及对导线电容综合决定的。

直流绝缘子的阻抗一般在数万兆欧以上，若采用测量交流绝缘子串电压的电磁式仪表测量直流线路绝缘子，由于仪器本身的绝缘电阻远小于直流绝缘子本身的阻值，几乎使得被测绝缘子被短接，绝缘子上的电压几乎降到零，无法测量。目前交流线路带电检测绝缘子运用较多的火花间隙检测仪同样因为其支架绝缘电阻较低，检测时会明显改变绝缘子上的电压分布，而且放电分散性很大，放电声音小，且受气候条件影响较大，无法得到准确的结果。

因此，交流输电线路绝缘子带电检测装置无法在直流输电线路上应用。

中国南方电网超高压公司和国家电网公司武汉高压研究院共同合作，根据直流输电线路绝缘子串电压分布特点及现场应用实际需要，研制出了一种直流输电线路不良绝缘子检测装置。该装置具有测量准确、操作方便、便于观察等特点，可以实现直流输电线路带电检测不良绝缘子，具有很高的实用价值。

检测装置是根据直流输电线路的特点测量出绝缘子上所承受的电压，然后将测量结果无线传输到检测作业人员的数据接收显示装置，作业人员根据现场需要对测量数据进行保存或现场分析判断。如果被测绝缘子是良好绝缘子，可根据检测装置发出的状态信号立即判断得出。整串绝缘子测量完毕后，根据测量结果还可形成整串绝缘子的电位分布曲线，供作业人员作进一步分析。

从现场试验结果可以看出：直流绝缘子串电位分布与交流线路绝缘子串电位分布大致相同，基本上都呈U形分布，但是直流绝缘子串的电位分布更易于被串中绝缘子当时的绝缘性能所影响。现场试验的结果证明，研制的直流绝缘子检测装置能准确判断出

±500kV直流输电线路串中不良绝缘子的位置及片数。

七、用固定火花间隙检测器检测绝缘子串时的注意事项

(1) 遵守带电作业有关的组织措施和技术措施，遵守工作票制度和工作审批等制度。

(2) 检测前应对固定火花间隙检测器进行检查，保证操作灵活，间隙距离准确，操作杆清洁干燥。

(3) 针式及少于3片的悬式绝缘子串不得使用火花间隙检测器进行检测。

(4) 检测35kV及以上电压等级的绝缘子串时，当发现一串中的零值绝缘子片数达到表6-6的规定时应立即停止检测，检测时，人与带电体间的安全距离及绝缘操作杆的最小有效长度也不得小于表6-6的规定。

表6-6　检测时最多零值绝缘子片数、最小安全距离及操作杆最小有效长度

线路电压等级/kV	35	110	220	330	500
常用绝缘子片数	3	7	13	19	28
最多允许零值片数	1	3	4	5	6
最小安全距离/m	0.6	1.0	1.8	2.6	3.6
最小有效长度/m	0.9	1.3	2.1	3.1	4.0

如绝缘子串的总片数超过上述片数，零值绝缘子片数可相应增加。

(5) 检测绝缘子应在良好的天气下进行，如果遇到雷、雨、雪、雾天不得进行检测，风力大于5级时，也不宜进行检测。

(6) 带电检测时必须有专人监护，监护人应由具有带电作业实践经验的人员担任；监护人不得干其他工作，也不得直接进行操作。

(7) 检测中发现劣值绝缘子时，应重复两三次检测，并与前后邻近绝缘子进行比较后才最后确定是否为劣值。

(8) 检测绝缘子应以接地的横担侧开始检测。

(9) 在500kV线路杆塔上进行检测时，应穿全套合格的防静电服或屏蔽服和导电鞋；在其他低于500kV线路杆塔上进行检测时可不穿防静电服，但要穿导电鞋或布底鞋，绝对不允许穿胶鞋和皮鞋，以防静电感应造成二次伤害。

思考题

1. 固定火花间隙检测绝缘子的原理是什么？有什么优缺点？它的适用范围是什么？

2. 用固定火花间隙检测绝缘子时应注意些什么？

3. 用固定火花间隙能检测500kV交流线路绝缘子吗？能检测±500kV直流输电线路中的不良绝缘子吗？

第二节　带电更换35～220kV线路绝缘子方法综述

一、带电更换35～220kV线路直线绝缘子

视线路大小采用单吊杆加后备保护绳、单绝缘滑车组加后备保护绳、双绝缘滑车组、

双吊杆等方法将导线重力转移到承力工具上（图6-2）。采用等电位或用操作杆间接拔销后，与杆上电工配合，将绝缘子串放至地面更换整串或单片。

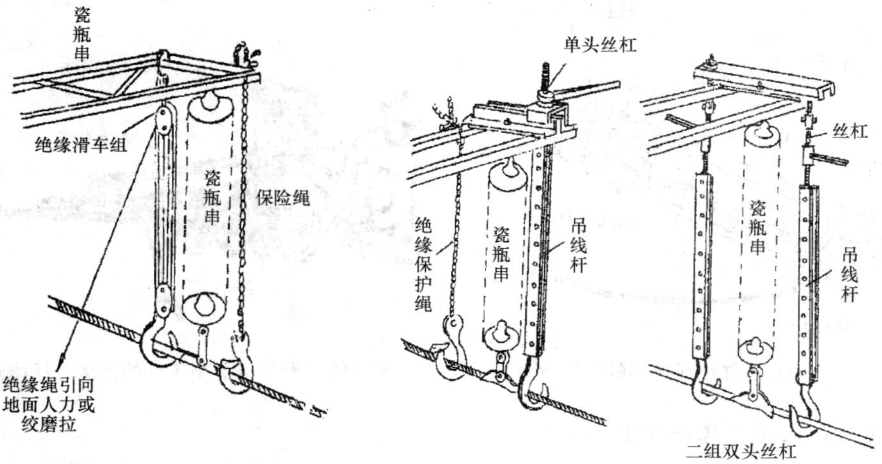

图6-2 滑车组、单吊杆、双吊杆换单串绝缘子示意图

二、带电更换35～220kV线路直线V形单片绝缘子

该种作业方法的工具结构简单、轻巧、灵活，整套工具包括绝缘子连接器、取瓶钩、转瓶器和多向拔销器。采用此套工具可以更换直线V形串（图6-3）和直线悬垂串中任一片不良绝缘子（包括靠导线侧第一片绝缘子）。作业方法如下：

（1）先用承力工具和绝缘滑车组、吊杆等（如果是使用单件工具一定要加保护绳，其他作业也是一样）将导线的重量转移到承力工具上。

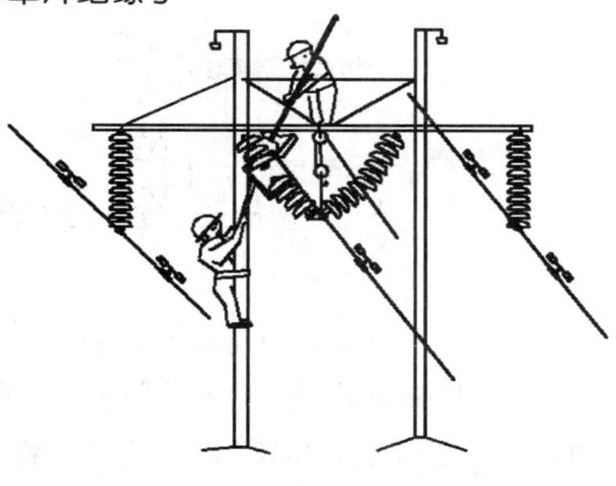

图6-3 35～220kV线路带电更换直线V形串单片绝缘子示意图

（2）绝缘子串不受力后，工人可以很轻松地将不良绝缘子两端的绝缘子用绝缘子连器连接起来，并用多向拔销器拔出不良绝缘子两端的销子。如果绝缘子开口销的方向不是朝向作业者，可用转瓶将绝缘子转动，使开口销的方向朝向自己。

（3）工人在横担上用取瓶钩将不良绝缘子取出到横担上更换。

（4）恢复顺序相反。

三、带电作业更换35～220kV线路耐张绝缘子

1. 更换耐张单串绝缘子

一般采用双拉杆加双丝杠配托瓶架或吊瓶钩的方法，如图6-4所示，为了增加承力工具的有效长度也有用绝缘滑车组加夹线器的方法将导线张力转移到承力工具上。用托瓶架或吊瓶钩将整串绝缘子移到横担上或放到地面进行更换。

如果是 35～110kV 小导线，可以采用图 6－5 的绝缘滑车组加小拔杆的方法更换耐张绝缘子。绝缘子串的依托可以用托瓶架，也可以用吊瓶钩。

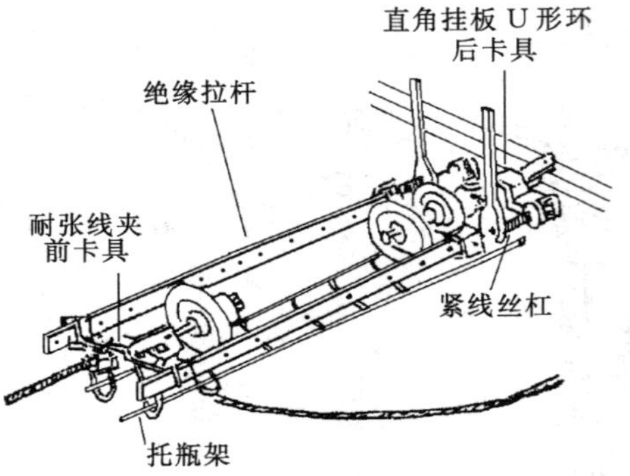

图 6－4　双拉杆加双丝杠配托瓶架的方法示意图

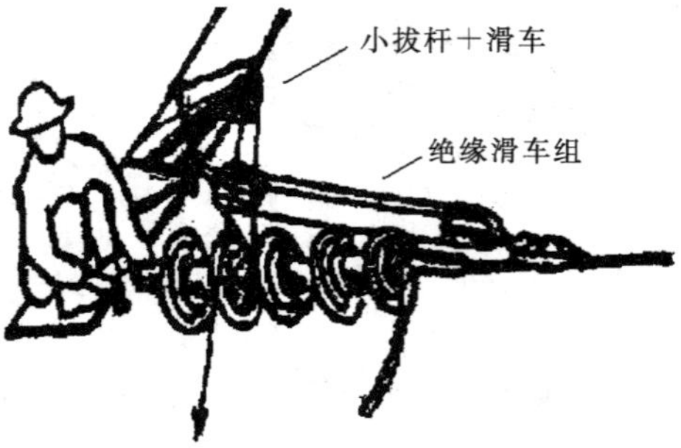

图 6－5　绝缘滑车组加小拔杆的方法更换耐张绝缘子

2. 更换耐张双串绝缘子中的一串绝缘子

一般采用单拉杆加大刀卡具的方法将导线张力由原来的双绝缘子串受力转移到单绝缘子串加拉杆受力后，塔上电工收紧丝杠使单边绝缘子串不受力，拔除销子，塔上电工互相配合，用托瓶架或吊瓶钩将整串绝缘子转移到横担上或放到地面进行更换，如图 6－6 所示。

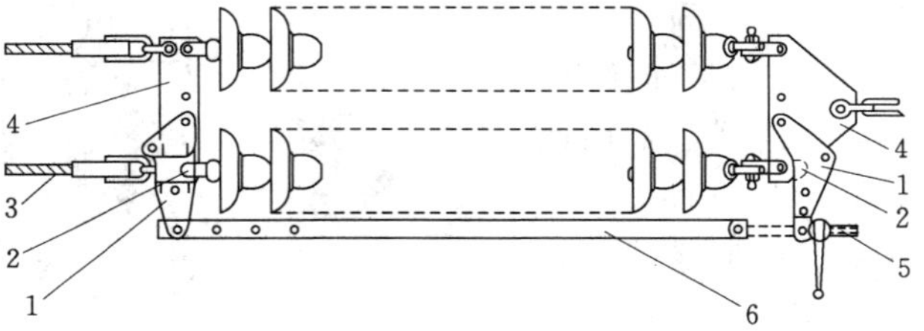

图 6－6　110～220kV 线路带电更换耐张双串绝缘子示意图

1、2—大刀卡具；3—耐张线夹；4—二联板；5—双头丝杠；6—绝缘拉板（杆）

有的作业班为了省掉笨重的大刀卡具，将拉杆直接装在两串绝缘子串间、原前后联板的预留孔上，如图 6－7 所示。经计算，位置 2 拉杆所受力比位置 1 拉杆所受的力大 7/3 倍。

3. 更换耐张双串绝缘子单片

对于 220kV 及以上电压等级线路耐张双串绝缘子而言，可以沿绝缘子串出到换绝缘子处进行作业，然后将自动封门的换单片绝缘子卡具装到要更换的绝缘子上，接着用操作杆收紧丝杠（两丝杠是联动的），拔销后将要更换的，绝缘子单片取出，再将新的绝缘子换上，如图 6－8 所示。也可以采用间接作业法，但间接作业安装的绝缘卡具较重，安装很困难，且不可靠，不安全也不方便，所以很少使用。对于 110kV 双耐张绝缘子串而言，由于安全距离不足，不能沿绝缘子串而出，因绝缘子串短，故可利用间接作业法。但从安全性来说，不如将整串换下来好，所以应用也不多。

四、标准化作业程序卡

目前国家电网公司和南方电网公司下属超高公司均开展标准化作业，以下是南方电网超高压公司的 220kV 带电更换单联耐张水平串绝缘子现场作业程序卡。程序卡内容见附录。

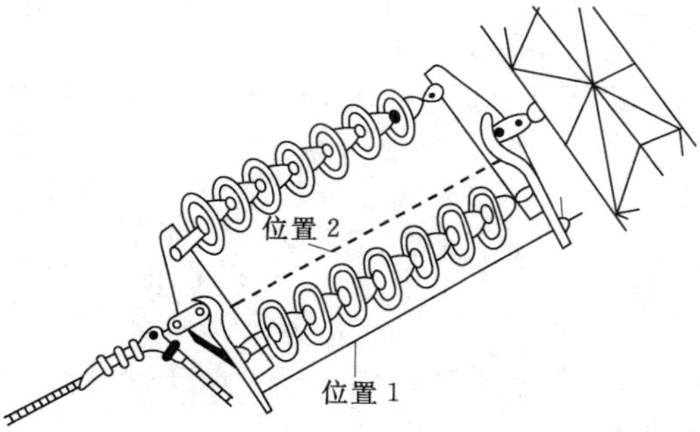

图 6-7　拉杆安装位置示意图

图 6-8　220kV 线路带电更换耐张单片绝缘子

思　考　题

1. 带电更换 35～220kV 线路直线 V 形串单片绝缘子方法的特点是什么？

2. 什么是“两交一查”？

3. 220kV 线路带电作业时人体与带电体的最小距离是多少？绝缘杆的最小有效长度为多少？

第三节　带电更换 500kV 线路直线整串绝缘子

一、带电更换 500kV 线路直线整串绝缘子

（一）作业操作关键点

1. 等电位人员进入强电场等电位的方式

更换边相绝缘子在进入电位时可以用硬梯、软梯、吊篮等工具进入，如图 6-9 所示。而用吊篮进入等电位的方式又可分为两种：第一种是从塔上用滑车将吊篮放下，然后通过导轨进入；第二种方法利用已有的绞磨机将等电位人员从地面徐徐提升至分裂导线，用这种方法进入等电位与其他方法相比更安全、稳妥、轻便、省力，目前是首选的进入方法，但当作业点交通不便利时，可考虑采用第一种方法进入等电位。而用绝缘硬梯从塔身进入边相或中相导线的方法，不能用于紧凑型塔。紧凑型塔应采用远方进行的方式。

2. 更换绝缘子串或不良绝缘子的方法

带电作业导线的提升主要是利用绝缘拉杆和丝杠来提升导线，也可以用提线钩（图 6-10）、绝缘绳和手拉葫芦来提升导线。而更换绝缘子串或不良绝缘子的方法有两种：第一种是用托瓶架将绝缘子串拉至横担位置进行更换；第二种是将整串绝缘子放下到地面后更换，这种方法比较省力。第一种方法操作较为复杂，不用机动绞磨机，适合在交通不便的地方开展作业。

进入等电位和提升导线及更换绝缘子串的方法可交叉配合采用，例如双吊杆托瓶架法，采用滑车组和吊篮进入等电位，用托瓶架将绝缘子串拉至横担更换绝缘子串或不良绝缘子，这是其中一种比较容易开展的作业方法，这种作业法的实景如图 6-11 所示，特作介绍如下。

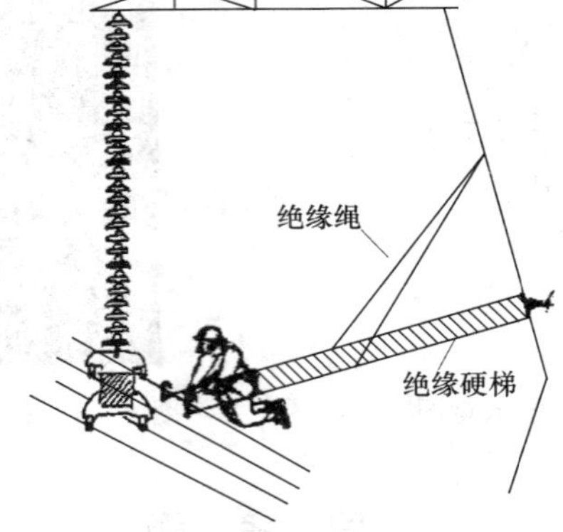

(a)用绝缘硬梯进入等电位

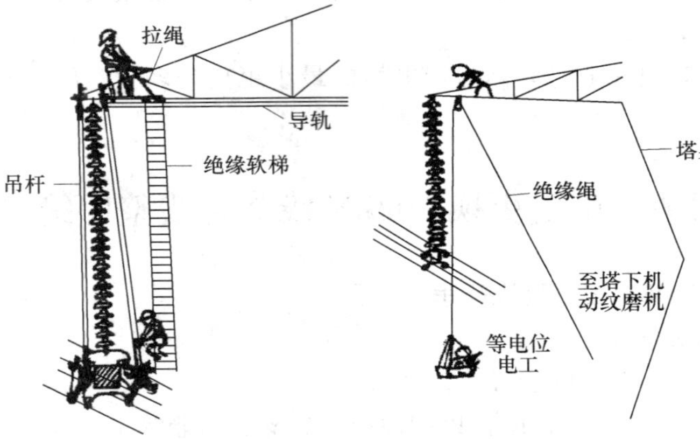

(b)用绝缘软梯进入等电位　　(c)用吊篮进入等电位

图 6-9　进入边相导线的三种方式

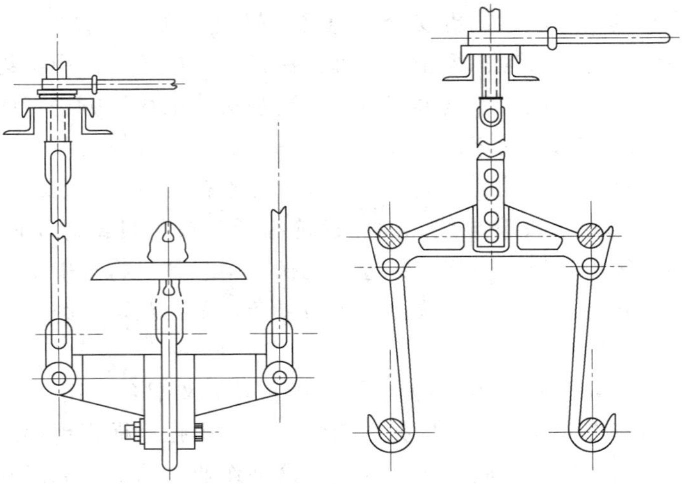

图 6-10　四分裂导线提线钩

（二）500kV线路带电更换直线整串绝缘子（双吊线杆瓶架法）

双吊线杆托瓶架法适用于500kV线路单回线路（图6－11），内拉门塔和酒杯塔等带电更换单串不良绝缘子、单串绝缘子中，有可能是单片损坏或数片绝缘子损坏，都采用相同的方法，将绝缘子串通过托瓶架拉到横担后，更换不良绝缘子，再将绝缘子串拉升安装好。

图6－11　双吊线杆托瓶架法更换500kV直线整串绝缘子实景图

1. 人员组织

工作负责1名，塔上电工4名（含等电位电工1名），地面电工2名，共计7名。

2. 主要操作程序

（1）第一、第二电工携带无头传递绳登塔，在横担作业的适当位置将无头传递绳装好。

（2）第三、第四电工相继登塔，到横担的适当位置绑好安全节（安全绳）。

（3）地面电工将丝杠、吊篮、吊线杆、滑车组、托瓶架等分别传至塔上，第一、第二电工负责装丝杠、吊线杆、吊篮绳等。第三、第四电工负责装吊篮滑车组。

（4）等电位电工进入吊篮，第三电工控制滑车组慢慢下落，等电位电工与导线等电位扶正吊线杆并与塔上电工相配合将滑车组和托瓶架在绝缘子串上安装好。

（5）第一、第二电工收紧吊线杆丝杠，将导线垂直荷重转移到吊线杆上。经检查无问题后，等电位电工推出弹簧销子，拆开与导线连接的碗头，并将绝缘子串下端移出导线外侧。

（6）等电位电工退离导线悬挂点1.5m以上，然后由塔上电工拉紧托瓶架的滑车组将绝缘子串拉至横担上。

（7）塔上电工相互配合分解绝缘子串将不良绝缘子换掉。

（8）按上述相反操作程序恢复绝缘子串，然后拆除全部工具，人员下塔整理工具，结束工作。

3. 主要工具表

主要工具见表6－7。

表 6-7　　**主 要 工 具 表**

序号	工具名称	规格	单位	数量
1	绝缘吊线杆	500kV	组	2
2	丝杠	500kV	组	2
3	托瓶架	500kV	架	1
4	等电位吊篮	500kV	个	1
5	无头绳		组	1
6	屏蔽服		套	5

(三) 500kV 线路带电更换双联整串绝缘子（单吊线杆瓶架法）

此法适用于 500kV 线路带电更换直线双联串中的整串绝缘子。

1. 人员组织

工作负责人 1 名，塔上电工 4 名（含等电位电工 1 名），地面电工 2 名，共计 7 名。

2. 主要操作程序

(1) 第一电工携带无头传递绳登塔，在横担的适当位置绑好腰绳，并将无头绳装好。

(2) 第二、第三、第四电工相继登塔，至作业的适当位置绑好腰绳，在地面电工的配合下分别将前部卡具、紧线拉杆、吊篮等工具传至塔上，并将紧线拉杆在横担上装好。

(3) 等电位电工进入吊篮，第三、第四电工控制吊篮滑车组尾绳，使吊篮缓慢下落使等电位电工与导线同电位。

(4) 等电位电工将前部卡具在导线侧二联板上装好，然后与塔上电工配合把托瓶架滑车组装好。

(5) 第一电工收紧拉杆丝杠，将导线荷重转移到吊线杆上，检查无问题后等电位电工推出绝缘子串前端碗头弹簧销，并将绝缘子串移出导线外侧。

(6) 等电位电工退离导线悬挂点 1.5m 以上。

(7) 塔上电工拉紧托瓶架滑车组尾绳，将绝缘子串拉至横担的水平位置，然后分解绝缘子串，进行更换不良绝缘子。

(8) 按上述相反程序恢复绝缘子串，然后拆除全部工具，人员下塔检查现场整理工具，结束工作。

3. 主要工具表

主要工具见表 6-8。

表 6-8　　**主 要 工 具 表**

序号	工具名称	规格	单位	数量
1	紧线拉杆	500kV 直线	组	1
2	前端卡具	500kV 直线	套	1
3	收紧丝杠	500kV	组	2
4	托瓶架	500kV	架	1
5	无头绳		组	1

续表

序号	工具名称	规格	单位	数量
6	滑车组	2-2	组	1
7	等电位吊篮	500kV	个	1
8	屏蔽服		套	4

(四) 500kV线路绝缘子串整串落地法带电更换直线整串绝缘子

适用于500kV线路直线各种杆塔，在不受地形地物条件限制的情况下，均可采用此法。

1. 人员组织

工作负责人1名，塔上电工4名（含等电位电工1名），地面电工3名，共计8名。

2. 主要操作程序

(1) 第一电工携带无头传递绳登塔，在横担的适当位置绑好腰绳，并将无头绳装好。

(2) 第二、第三、第四电工相继登塔，至作业的适当位置绑好腰绳，地面电工分别将吊线杆、吊篮、绝缘子串卡具等传至塔上，并在横担上装好。

(3) 等电位电工进入吊篮，第三、第四电工控制吊篮滑车组尾绳，使吊篮缓慢下落使等电位电工与导线同电位。

(4) 等电位电工与塔上电工配合将吊线杆摆正，然后第一、第二电工收紧丝杠，将导线荷重转移到吊线杆上。

(5) 等电位电工推出绝缘子串前端碗头弹簧销，然后塔上电工将牵引绳的卡具在第三片绝缘子钢帽上装好。

(6) 等电位电工将绝缘子串下端移出导线外侧，然后退离导线悬挂点1.5m以上。

(7) 拉紧卡具牵引绳，塔上电工解开横担侧绝缘子串球头挂环，将绝缘子串降落到地面，然后分解绝缘子串，更换不良绝缘子。

(8) 按上述相反程序恢复绝缘子串，然后拆除全部工具，人员下塔检查现场、整理工具，结束工作。

3. 主要工具表

主要工具见表6-9。

表6-9　　主要工具表

序号	工具名称	规格	单位	数量
1	卡具	XP-16型	副	1
2	牵引绳	500kV	组	1
3	等电位吊篮	500kV	个	1
4	滑车组	2-2　5kV	组	1
5	机动绞磨	牵引力5kV	台	1
6	屏蔽服		套	4
7	绝缘吊线杆	500kV	根	2
8	丝杆	500kV 3t	组	2

二、远方进入更换中相绝缘子

由于中相受塔窗限制，采用等电位的方式以及升降绝缘子串的方法进入中相导线比更换边相绝缘子串困难些。特别是对于500kV ZBV型杆塔中相绝缘子串的V形设计，由于窗口小，按常规方式直接从塔窗边进入等电位，组合间隙不能满足带电作业的要求，必须采用“远方进入”法。远方进入可采用索道法和软递法。索道法如图6-12所示，无论是等电位人员从“远方”进入等电位，还是升降绝缘子串，都通过用一条斜拉的绝缘绳构成的“索道”完成。

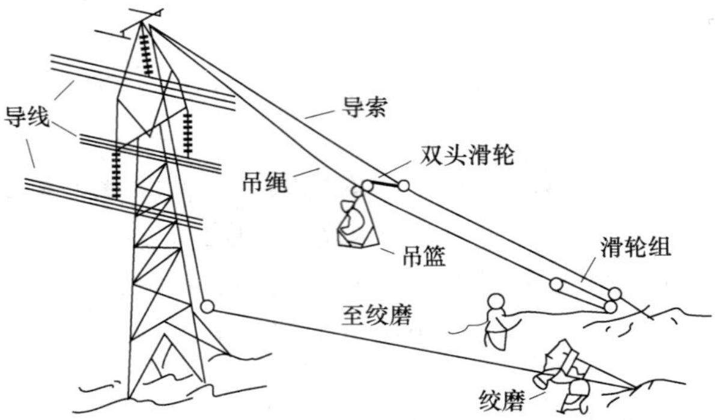

图6-12　用导索远方进入等电位

软梯法是在把绝缘软梯挂在距离中相导线挂点3.6m外，等电位作业人员从铁塔曲臂交叉处沿绝缘软梯向上爬，然后进入等电位作业的“远方”进入方式。

经计算，若人的身高为1.7m，按常规方法从下曲臂交叉处沿绝缘软梯向上爬的过程中，组合间隙只有3.48m，不能满足GB 26860—2011《电力作业安全工作规程》4m的要求。若要满足这个要求，人的高度不得超过0.7m。所以，只能采用人坐进吊篮沿中相导线正下方的曲臂交叉处向上牵引进入电位，但这在实际操作中又具有一定的难度。为此，对这个问题进行了专门的分析研究，提出了从中相导线距绝缘子串外3.6m的地方悬挂软梯，等电位电工从下曲臂交叉处先进入电位，然后走线到绝缘子串处，配合塔上电工更换V形绝缘子串。这时的组合间隙经计算应按人在软梯上抓住导线时对铁塔的距离来校验安全距离：

$$I_{SC}=\sqrt{3.6^2+(3.47-1.7)^2}\geqslant 4\ (\mathrm{m})$$

思　考　题

1. 等电位作业人员进行强电场等电位作业的方式有哪些？
2. 500kV线路带电更换直线整串绝缘子的方法有哪些？试简述其中一种方法。
3. 什么是远方进入？用哪些方法可实现远方进入？试列举其中两种方法。

第四节　带电更换 500kV 线路耐张绝缘子

一、无托瓶架法带电更换 500kV 线路耐张整串绝缘子

无托瓶架法带电更换 500kV 线路耐张整串绝缘子，很有特色，它甩掉了笨重的托瓶架，值得推广。

作业方法采用的是"双拉杆＋丝杠"的方法，只是甩掉了笨重的托瓶架，将整串绝缘子用机动绞磨放到地面更换，组装如图 6－13 所示。

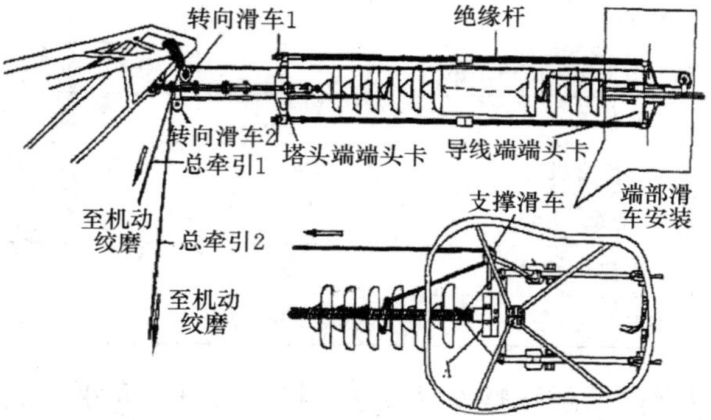

图 6－13　更换 500kV 线路耐张整串绝缘子工具组装图

1. 人员组织

工作负责 1 名，塔上电工 3 名（含等电位电工 1 名），地面电工 3 名，共计 7 名。

2. 主要操作程序

（1）第一、第二电工携带无头传递绳登塔，在横担作业的适当位置将无头传递绳装好。

（2）地面电工将丝杠、绝缘拉杆、滑车组、托瓶架等分别传至塔上。

（3）第一、第二电工负责装吊篮滑车组、丝杠、绝缘拉杆等。

（4）等电位电工进入吊篮，地面电工控制滑车组慢慢上升，等电位电工与导线等电位，与第一、第二电工一起安装好横担端端部卡，等电位电工安装好导线端斜卡具，然后配合安装好绝缘拉杆和滑车。

（5）第一、第二电工均衡地收紧双丝杠，拉杆受力绝缘子串松弛。

（6）在导线端将牵引绳通过朝天滑车引向绞磨，将松弛的绝缘子串收紧，以便脱离碗头。

（7）松开绞磨将绝缘子串导线端放下。

（8）将吊绳套入绞磨，收紧绞磨绳后再将绝缘子串横担端销钉拆开，将绝缘子串放下。

（9）在地下更换良好绝缘子。

（10）将绝缘子串提升挂上横担，然后将牵引绳套入绞磨，收紧绞磨将绝缘子串拉平，

再将绝缘子串套入碗头。放松丝杠，恢复绝缘子串受力。

(11) 放下工具，人员下塔，工作完毕。

3. 主要工具表

主要工具见表 6-10。

表 6-10 主要工具表

序号	工具名称	规格	单位	数量
1	绝缘拉杆	500kV	组	2
2	丝杠	500kV	组	2
3	等电位吊篮	500kV	个	1
4	无头绳		组	1
5	屏蔽服		套	5
6	机动绞磨机		台	1
7	滑车		个	3
8	端部卡	DHK-20	个	1
9	斜卡具	DKX-20	个	1

二、500kV 线路带电更换耐张整串绝缘子（铰接拉杆单元小车法）

铰接拉杆单元小车法的作业原理是：利用分段铰接的绝缘拉杆承担原绝缘子串的张力，5 节单元小车以绝缘拉杆为轨道，单元小车水平托起摘下的耐张绝缘子串并将其重量施加在绝缘拉杆上。拉动小车可以将绝缘子串逐段摘下实现对其更换的目的。单元小车的车轮通过铰接绝缘拉杆的主板时，车轮中部的凹槽为工作部位，车轮通过铰接点处的短接拉板时，车轮外侧的两个圆柱面为工作部位，从而保证了小车在铰接绝缘拉杆上运动的平稳性。工具分段可拆，便于起吊、运输和保管。如图 6-14 所示。

图 6-14 铰接拉杆单元小车片

单元小车法适用于 500kV 单回线路、干字形或酒杯塔等带电更换耐张双串绝缘子。

1. 人员组织

工作负责人 1 名，塔上电工 4 名（含等电位电工 1 名），地面电工 3 名，共计 8 名。

2. 主要操作程序

(1) 第一、第二电工携带无头传递绳登塔，在横担的适当位置将无头传递绳装好。

（2）第三电工相继登塔，在横担的适当位置绑好安全带腰绳。

（3）地面电工将走线滑车装在导线上，然后将等电位用绝缘软梯挂在导线上。

（4）等电位电工穿好屏蔽服，攀登软梯进入强电场与导线等电位。

（5）地面电工将第二套无头传递绳传给等电位电工并装在导线侧的金具上。

（6）地面电工用无头传递绳将前端卡具和后端卡具分别传给等电位电工和塔上电工，并在被更换串的金具上装好。

（7）地面电工利用两组无头传递绳将铰接拉杆传到塔上，在塔上电工和等电位电工配合下，将两组拉杆与前后卡具连接安装好。

（8）地面电工将单元托瓶小车逐个传到塔上，塔上电工相互配合将小车装在拉杆上并相互连接可靠，然后收紧丝杠，将张力转移到拉杆上。

（9）塔上第一、第二电工和等电位电工分别拨开绝缘子串前后端“R”销子。由横担侧开始，用无头绳将绝缘子串逐段分解传到地面进行更换。

（10）按上述相反程序恢复，然后拆除所有工具，作业人员下塔，结束工作。

3. 主要工具表

主要工具见表 6－11。

表 6－11　　主要工具表

序号	工具名称	规格	单位	数量
1	铰接拉杆	500kV	套	2
2	单元托瓶小车	500kV	个	5
3	前端卡具	500kV	套	1
4	后端卡具	500kV	套	1
5	无头传递绳	ϕ14mm	套	2
6	收紧线杆	500kV	套	2
7	屏蔽服	500kV	套	4

思考题

1. 无托瓶架法带电更换 500kV 线路耐张整串绝缘子的方法有什么优点？
2. 无托瓶架法带电更换 500kV 线路耐张整串绝缘子的方法关键在哪里？

第五节　更换线夹、间隔棒和修补导线损伤

一、更换直线塔悬垂线夹

1. 作业方法

等电位作业法。

2. 主要工具

进入高电位的运载工具 1 套，绝缘传递绳及绝缘单滑车 1 套，导线保险绳 1 套，子导线推拉丝杆 4 副。

3. 作业步骤

（1）塔上电工携带绝缘传递绳登塔至适当位置，挂好传递绳，地面辅助人员利用绝缘传递绳将进入等电位工具及导线保险绳传至塔上。塔上作业电工相互配合安装好进入高电位的工具及导线保险绳。

（2）等电位电工在专责监护人的监护下进入等电位。地面辅助电工依次将子导线推拉丝杆传递给等电位电工。

（3）等电位电工首先在需要更换的悬垂线夹两端两根水平子导线间各安装一副推拉丝杆，然后在该线夹两端两根垂直子导线间再各安装一副推拉丝杆。

（4）操作水平位置的两副推拉丝杆，将两水平子导线收紧到一定程度，然后再操作垂直位置的两副推拉丝杆，将两垂直子导线顶住。

（5）更换悬垂线夹。

（6）恢复程序按与上述相反顺序进行。

（7）此种方法也可用于打开线夹检查导线的工作。

4. 安全注意事项

（1）塔上等电位电工穿全套屏蔽服，并保证各部位连接良好。

（2）使用此法更换悬垂线夹必须加装导线保险绳。

（3）遇有重锤的情况下，应有防止重锤倾斜的措施。

（4）更换导线悬垂线夹，还可使用更换直线整串绝缘子的方法，但所用提线工具应为导线四线钩。

二、更换导线间隔棒

1. 作业方法

等电位作业法。

2. 主要工具

进入高电位的运载工具 1 套，绝缘传递绳及绝缘单滑车 2 套，简易间隔棒 1 套。

3. 作业步骤

（1）塔上电工穿合格的静电防护服携带绝缘传递绳登塔至适当位置，挂好传递绳，地面辅助人员利用绝缘传递绳将进入等电位工具及另一套绝缘传递绳传至塔上。

（2）塔上作业电工相互配合，安装好进入高电位的工具。

（3）等电位电工携带一套绝缘传递绳在专责监护人的监护下进入等电位（耐张塔可沿耐张绝缘子串进入等电位），然后登上导线，沿导线行走至需要更换间隔棒处，并将传递绳挂好。

（4）地面辅助电工将事先准备好的简易间隔棒传递给等电位电工。

（5）等电位电工将简易间隔棒安装在需要更换间隔棒的附近适当位置安装好新的间隔棒。

（6）拆下简易间隔棒并传至地面（如需换的间隔棒较多，等电位电工也可携带简易间隔棒行走至下一更换处）。

（7）工作结束，等电位电工退出电位，并将所有工具及材料传至地面。

4. 安全注意事项

(1) 塔上等电位电工穿全套屏蔽服，并保证各部位连接良好。

(2) 等电位电工在导线上行走及作业时，应始终系好安全带。

(3) 新间隔棒装好后，应对安装质量（如压紧螺栓是否拧紧等）进行一次复检。

三、使用预绞丝修补导线

预绞丝用于架空电力导线以及电力架空光缆终端、悬挂、接头等的连接金具。输电线路预绞丝分为FYB型、FYH型两种，F—防护，Y—预绞丝，H—护线条，B—补修条。例如FYH-800/100表示护线条预绞丝，用于标称载面为800mm^2、钢芯截面为100mm^2的导线。当导线损伤截面小于17%且钢芯未有断股时，可用预绞丝对损伤导线进行修补。用预绞丝进行等电位作业修补导线的作业方法如下：

1. 作业方法

等电位作业法。

2. 主要工具

进入高电位的运载工具1套，绝缘传递绳及绝缘单滑车1套，绝缘小绳1根，预绞丝若干。

3. 作业步骤

(1) 塔上电工穿合格的静电防护服携带绝缘传递绳登塔至适当位置，挂好传递绳，地面辅助人员利用绝缘传递绳将进入等电位工具及另一套绝缘传递绳传至塔上。

(2) 塔上作业电工相互配合，安装好进入高电位的工具。

(3) 等电位电工携带一根绝缘小绳进入等电位，然后登上导线，沿导线行走至需要修补点。

(4) 在地面辅助电工的配合下，等电位电工使用绝缘小绳将打磨工具及预绞丝吊上导线。

(5) 首先将需要修补部分的导线表面恢复原状，并将导线表面毛刺打磨光滑，然后按导线绞向安装预绞丝。

(6) 检查预绞丝安装质量。

(7) 等电位电工退出电位。塔上作业电工遇地面辅助电工相互配合将所有工具及材料等传至地面，工作结束后下塔。

4. 安全注意事项

(1) 塔上等电位电工穿全套屏蔽服，并保证各部位连接良好。

(2) 等电位电工进入电位前，应对进电位运载工具进行详细的检查，确认无误后，方可进入电位。

(3) 使用预绞丝修补导线，应严格按规程规定进行。

思　考　题

1. 什么是预绞丝？它的型号如何表示？

2. 在什么情况下可用预绞丝对导线进行修补？

第六节　带电更换±800kV线路直线塔V形整串绝缘子

一、带电作业人员要求

（1）熟悉《电业安全工作规程》（线路部分），并经考试合格。

（2）具备带电更换±800kV线路直线塔V形整串绝缘子检修方面的技能。

（3）通过职业技能鉴定，并取得带电作业人员培训合格证及登高架设作业特种作业操作证。

（4）身体健康，精神状态良好，无妨碍工作的病症。

（5）绞磨操作人员需经专门培训，并取得合格证。

（6）穿戴合格劳动保护服装，作业人员个人安全用具齐全。

（7）人员组合。此项作业需工作负责人1名，塔上安全监护人1名，等电位电工1名，塔上电工2名，绞磨操作人员2名，地面电工6名。

二、作业前准备工作

（1）查阅资料，制订工作方案。工作负责人或技术人员根据工作任务查阅所检修线路杆塔档距和导线型号、绝缘子型号、金具组装图等相关技术资料，确定检修所使用工器具及材料的类型和型号，然后制定工作方案，工作方案包括组织措施、安全措施、技术措施、风险控制措施、事故预想及应急预案。

（2）工作负责人对工作班组成员进行安全、技术交底。工作负责人根据各级领导审核好的工作方案，对工作班成员进行安全、技术交底，在技术交底会中，要全面讲清此项工作存在的安全风险，并落实好预防措施。

（3）办理工作票。工作负责人按规定办理输电线路第二种工作票，得到批复后方可进行下一步工作，本项工作要退出线路重合闸装置。

（4）准备工具及材料。根据查阅资料结果，准备表6-12中所列工器具及材料。

表6-12　工具及材料表

序号	工具名称	规格	单位	数量
1	六连板专用卡具	±800kV	副	1
2	合成绝缘吊杆	±800kV	根	6
3	液压丝杠	16t	副	2
4	防扭丝杠	16t	副	2
5	手摇绞磨	1t	台	1
6	机动绞磨	3t	台	1
7	链条葫芦	3t	副	1
8	绝缘传递绳	TJS-B-15×180m	条	1
9	绝缘牵引绳	TJS-B-14×180m	条	1
10	绝缘人身保险绳	SCRBS-14×15m	条	1
11	绳套	JCSTL-20×2m	条	2

续表

序号	工具名称	规格	单位	数量
12	屏蔽服	A型	套	4
13	万用表	数字式	台	1
14	风速仪		台	1
15	温湿度仪		台	1
16	绝缘检测仪（或绝缘摇表）	SFE	台	1
17	吊篮		个	1
18	电位转移棒		个	1
19	绝缘子	与所更换的同型号	串	1

（5）核对线路名称。工作负责人按工作票核对线路名称、杆塔编号及线路色标，防止误登杆塔。

（6）与调度联系。工作前，工作负责人应与调度部门联系，退出线路重合闸，得到调度部门许可后方可开展工作。

（7）列队宣读工作票。工作负责人召集全体工作人员列队宣读工作票，向工作班成员交代工作任务、作业方法及检修三大措施，讲明危险点及防控措施，向1～2人进行提问，并了解工作人员的精神状况，确无问题后，方可开展作业。

±800kV线路带电作业防触电的一般技术措施就是要做到“三个保证”：一是保证要有足够的安全距离和组合间隙距离，在海拔2000～2500m作业时不得小于5.8m；二是保证绝缘工具要有足够的有效长度，不得小于6.5m；三是保证良好绝缘子片数不得小于规定值，绝缘子高度为190mm，不得少于28片，绝缘子高度为170mm，不得少于32片。

（8）布置摆放工器具和材料。地面作业人员根据作业现场情况合理布置帆布、摆放工具及材料。

（9）测量风速、温度和湿度。作业人员应在现场测量温度和湿度并做好记录，必须确保湿度不大于70%，风力不大于5级才能进行带电作业。

（10）检查工器具。使用工具前应仔细检查其是否损坏、变形、失灵，使用绝缘检测仪或2500V绝缘摇表对绝缘绳索和绝缘工具进行分段测量，每2cm电极间的绝缘电阻不得小于700MΩ，测量时应戴清洁、干净的手套，防止绝缘工具在使用过程中被弄脏。对机动绞磨机的机油量、汽油量、性能等进行检查，开动绞磨机，检查其运转是否正常。

（11）检查个人防护用品。检查屏蔽服、导电鞋和导电手套、导电袜是否完好无损，导电鞋的电阻不得大于500Ω，穿戴好屏蔽服，并检查各部件是否可靠连接，然后测量上衣至裤角两个最远点的电阻不得大于20Ω。塔上作业人员穿戴好全身安全带，并作冲击检查。

三、作业步骤

（1）安装机动绞磨机和转向滑车。

（2）安装手摇绞磨机。

（3）1、2号塔上电工携带传递绳、滑车登塔，到达塔头位置后，挂好传递滑车和传递绳。

(4) 利用传递绳上传1号牵引绳和滑车，安装好1号牵引绳，1号牵引绳的一端连接吊篮，另一端经转向滑车后，接至机动绞磨。

(5) 等电位电工进入等电位。工作负责人对等电位电工的屏蔽服、安全带、安全帽等进行检查，等电位电工进入吊篮，将一条安全带扣在吊篮的拉绳上，将传递绳扣环扣在等电位电工安全带的另一侧的扣环上。开动机动绞磨机，使载有等位电工的吊篮刚离开地面时，工作负责人再次指挥一名地面电工对吊篮进行检查，确定无异常后，再继续向上提升吊篮，在吊篮上升时，地面电工要及时收紧拴在等电位电工身上作保险用的传递绳，在进行导线等电位过程中，要确保等电位电工在海拔为2000～2500m时对铁塔的组合间隙大于5.8m，如海拔不在2000～2500m范围时，组合间隙大小可进行相应的折算。等电位电工在距离导线1.5m时，眼睛要盯着导线，在距离导线0.8m时，要用电位转移棒卡在导线上，然后等电位电工用手抓住导线，进入等电位，将吊篮和电位转移棒固定在导线的适当位置。塔头电工下传绝缘人身保险绳给等电位电工，等电位电工将原扣在安全带上的传递绳扣环换成人身保险绳扣环，并调整至合适长度，然后可以解开系在导线上的安全带。

(6) 传递、安装工具。地面电工上传绳套，塔头电工在铁塔上端适当位置安装好绳套，地面电工上传液压丝杠，塔头电工将上传的液压丝杠的一端与绳套连接，并在铁塔上固定好液压器，地面电工上传防扭丝杠，塔头电工将防扭丝杠与液压丝杠连接，地面电工上传绝缘合成吊杆，塔上电工将吊杆与防扭丝杠连接，地面电工上传导线端六连板专用卡具，等电位电工将导线端六连板专用卡具安装在导线六连板上，然后将吊线杆与六连板专用卡具连接，塔头电工与等电位电工相互配合将传递绳由横担后侧移至横担前侧，地面电工上传另一组承力工具，塔头电工与等电位电工配合安装好另一组承力工具。在这些过程当中，塔上监护人始终负责监护任务，两名塔头电工同时平衡收紧V形双串绝缘子的防扭丝杠，使吊杆开始受力，然后开始通过液压紧线器往上收紧吊线杆，吊杆受力后，再次检查承力工具情况，确保承力工具安装到位。等电位电工在绝缘子导线端三联板处安装转向滑车，将1号牵引绳系在要更换合成绝缘子串伞裙侧金具处，将1号牵引绳穿入转向滑车，地面电工上传2号牵引绳，塔上电工将2号牵引绳滑车安装在需要更换的合成绝缘子挂点附近适当位置，地面电工上传链条葫芦，塔头电工将2号牵引绳系在调整板绝缘子串端的施工孔上，将链条葫芦的一端安装在绝缘子串挂点附近的塔材上，将链条葫芦的挂钩装在调整板塔头端施工孔上。

(7) 拆除绝缘子串。塔头电工收紧链条葫芦，使绝缘子串塔头端金具松弛，拆除调整板之上的平行挂板螺栓，松开链条葫芦，使绝缘子串松弛，地面电工转动手摇绞磨，收紧1号牵引绳，等电位电工拆除绝缘子串碗头挂板螺栓，手摇绞磨机操作员放松1号牵引绳，使绝缘子串缓慢落至垂直位置，机动绞磨机操作员收紧2号牵引绳，塔头电工拆除钩在调整板上的链条葫芦，地面机动绞磨机操作员缓慢放松2号牵引绳，将绝缘子串缓慢放至地面。在起吊、牵引过程中，受力牵引绳的周围、上下方、内角侧和起吊侧的下面，严禁有人逗留和通过，用绝缘绳索传递大件的金属工具、材料等物品时，地面上的作业人员将物器接地放电后再接触，以免被电击。

(8) 安装新绝缘子串。地面电工将2号牵引绳接在新绝缘子串悬挂端金具上，在1号牵引绳接在合成绝缘子导线端金具上，将传递绳串在合成绝缘子导线端金具上，新绝缘子串起吊离地面后，要进行受力冲击检查，无异常情况后，方可正式起吊，塔头电工将链条葫芦的挂钩钩装在调整板的施工孔上，手摇绞磨机操作员收紧1号牵引绳，合成绝缘子串缓慢向导线靠近，等电位电工接过合成绝缘子串，然后安装到碗头挂板，塔头电工收紧链条葫芦，安装平行挂板，松开链条葫芦，拆除绑在调整板上的2号牵引绳，拆做链条葫芦，塔上电工将2号牵引绳从塔头端移正导线正上方横担处，利用传递绳将2号牵引绳传递至地面。

(9) 恢复绝缘子载荷。在恢复绝缘子载荷前，等电位电工冲击检查各金具连接情况，确定无异常后，松开液压丝杠，将荷载还原到绝缘子串上，然后拆除吊杆、防扭丝杠、液压丝杆、六连板专用卡具等，并依次通过传递绳传至地面。

(10) 等电位电工退出等电位。等电位电工将1号牵引绳连接吊篮，将安全带系在吊篮拉绳上，将传递绳扣环扣在安全带护环上，确认电位转移棒卡在导线上，机动绞磨机缓慢下降吊篮，离导线下方0.8m时，经工作负责人许可后，等电位电工迅速取下电位转移棒，退出等电位。塔上电工利用传递绳传下1号牵引绳。

(11) 塔上电工下塔。塔上电工检查作业各部位是否正常、完好，确认塔上无遗留物，然后携带传递绳下塔。

(12) 终结工作票。工作负责人根据检修情况填写线路检修记录表、绝缘子更换记录表等表格，工作负责人清点工具和检查作业现场无误后，列队宣布作业结束，并办理工作票终结手续。与调度联系，恢复自动重合闸。

思　考　题

1. ±800kV线路带电作业的安全距离、绝缘工具有效长度和良好绝缘子片数有何规定？

2. 带电更换±800kV直线塔V形整串绝缘子前，应如何对工具进行检查？

第七节　带电水冲洗的原理及安全措施

一、带电水冲洗的原理

清扫是防止绝缘子污闪的一种有效方法，带电水冲洗又是清扫工作中最彻底、最有效的一种手段。

带电水冲洗是利用一股流速很高的水柱对被冲洗绝缘子进行冲洗。能够实现带电水冲洗，主要是利用水柱的冲击力和绝缘性能两个特性。

1. 水柱的冲击力

水柱在离开水枪喷嘴时有足够的速度，当它射到绝缘子表面时仍具有足够的功能，并产生一定的冲击力，把沉积在绝缘子表面的污秽物质冲刷掉。

2. 水柱的绝缘性能

水柱带电作业中应用了一种液体介质，在带电水冲洗中，水柱具有一定的绝缘性能，并产生一定的冲击力，把沉积在绝缘表面的污秽物质冲刷掉，因此可以作为主绝缘或组合绝缘中的一部分使用。

带电水冲洗的设备有多种多样的形式，可分为移动式和固定式两大类。我国目前在线路上使用较多的长水柱短水枪、短水柱长水枪及车载型的冲洗装置，在有些变电站内采用了固定喷水装置，但在我国应用最广泛的是长水柱短水枪型。

目前我国的带电水冲洗按用水量的多少可分为小水、中水和大水三种冲洗方式，见表6－13。

表6－13　　水冲洗方式分类

水冲洗方式	喷嘴直径/mm	适用范围
小水冲	≤3	交通不便，取水困难地区的线路
中水冲	4～8	变电站及部分取水较易的线路
大水冲	9～12	发电厂、交通方便且水源充足的地区

在中水和大水冲洗时，水枪的喷嘴都是接地的，水柱作为主绝缘承受了全部的运行电压。此时，水柱的绝缘强度是确保作业人员人身安全的关键。

带电水冲洗可以应用于各种电压等级的线路与变电站。但是，它是一项专门的技术，如果冲洗条件与冲洗方法不当，很容易引发水冲洗事故。因此，组织水冲洗的技术人员与实际进行水冲洗的作业人员都必须熟悉与掌握水冲洗的特点与方法，严格执行带电水冲洗的操作规程，才能安全地进行水冲洗作业。

在国外，近年来发展了一些新技术，例如美国、日本和加拿大在线路上采用带有绝缘斗、由机械手遥控喷头的带电水冲洗车以及利用直升机进行机载带电水冲洗。在变电站内采用自动控制的固定式水冲洗装置，有效地解决了清扫问题。这些新技术提高了工效和作业安全，值得借鉴。

二、造成水冲洗事故的几个主要因素

造成操作人员受电击的人身事故的主要原因是冲洗时由水柱喷嘴、水枪、导水管流经人体的泄漏电流过大。对地放电的设备事故则是在冲洗时组合绝缘（这里的组合绝缘系指由水柱、水枪、导水管组成的综合绝缘）或者是污秽的绝缘子外绝缘被击穿所造成。

试验和实践证明，造成上述事故与以下几个因素有关。

1. 水柱

水柱是指喷嘴至带电体间的柱状射流。其放电电压与水柱长度、水电阻率、喷嘴直径和水压有关。

试验证明，水柱长度越长，放电电压越高，当水柱长度大于1m时，放电电压与水柱长度间呈线性关系。水电阻率越大，水柱放电电压也随之增加，但水电阻率大于2500Ω·cm后，其影响则不明显。喷嘴直径的大小决定了水柱截面积的大小，因而直接影响了水柱的放电电压。在水柱长度和水电阻率不变的情况下，水柱放电电压随喷嘴直径的增大而降低。但由于喷嘴的结构不同，喷嘴内表面加工的光洁度各异，对水柱放电电压的影响程度也不一样，内壁光滑的喷嘴喷射出来的水柱散射性小，射程较远，冲洗效果好，但其放电电压较水柱散射大的低。一般来说，水柱放电电压随直径增加而下降，水压对水柱的放电电压虽有影响，但不大。

在带电水冲洗过程中，沿水柱、喷嘴到导水管或水枪表面是有一定的泄漏电流的，其大小与水柱长度和水电阻率以及导水管、水枪的绝缘电阻有关。水柱长度越长，泄漏电流越小，当水电阻率增大时，泄漏电流也有所减小，但减小的幅度是不大的。实测证明，用小型水冲洗工具冲洗时，按 GB 26860—2011《电力作业安全工作规程》规定的各级电压所需水柱长度，其泄漏电流均小于人体感知电流 1mA。但用大型水冲洗而喷嘴直径大于 11mm 时，其水柱长度虽达 5m，但泄漏电流仍超过允许值 1mA。

综上所述，水柱的放电电压主要取决于水柱长度。水柱的泄漏电流对小型水冲洗而言，也主要取决于水柱的长度，但对大、中型水冲洗而言，其泄漏电流并不完全取决于水柱有多长，这是值得特别注意的。总之，水柱长度的选择必须满足以下两个条件：一是在最大操作过电压下水柱不应闪络；二是在最高运行电压下，沿水柱流经人体的泄漏电流不应超过 1mA。

2. 水枪、导水管的材质和结构

水枪、导水管的材质的绝缘性能好坏和有效长度，也是防止人身触电和对地放电的重要环节。因为水冲洗是靠人持水枪对绝缘子进行冲洗，并由导水管供给压力水，因此，水枪和导水管在水冲洗过程中是导线对地的次绝缘，水柱是主绝缘。当操作人员手持水枪对绝缘子进行冲洗时，由于某些原因有可能保持不了 GB 26860—2011《电力作业安全工作规程》所规定的水柱长度，甚至水枪碰触导线。这时水枪和导水管就变成了主绝缘。此时若泄漏电流超过 1mA，将引起操作人员感知，甚至可能引起组合绝缘击穿。

一般来说，水枪都会选择绝缘性能和防潮性能好的材料来做，操作时也能保持有效长度，但往往忽略了导水管材质的选择。因此，导水管是组合绝缘中的薄弱环节。试验表明，水冲洗时的放电路径几乎全部是沿水柱和导水管发生的。试验还表明，当试验电压加到一定数值后，导水管的泄漏电流增大，水发热，使导水管膨胀（用塑料管做成导水管特别明显），甚至个别部位穿孔渗水。导水管从操作杆中穿过的水枪（即Ⅱ、Ⅲ型）容易引起沿水枪内壁闪络放电。

3. 冲洗顺序

绝缘子由于受到工业污秽，或者自然界盐碱、飞尘、鸟粪等的污染，在干燥的情况下，这种污秽尘埃的电阻大，不一定造成放电。但当大气湿度较高，在毛毛雨、雾、露、雪等不利的条件下，绝缘子表面的污秽尘埃被润湿，泄漏电流剧增，使绝缘子在工频冲击电压下的放电电压显著降低，甚至在工作电压下放电。水冲洗绝缘子时，由于水浸湿了绝缘子表面，也同样会引起绝缘子放电，造成设备事故，这是有过多次严重教训的。如果水冲洗的顺序正确，则可以避免这类污闪事故。因此在冲洗时应严格按不同类型绝缘子和所在位置确定冲洗顺序。

三、避免水冲洗事故发生的技术措施

1. 正确选择水枪型式和水冲洗工具材质

上节介绍的小型水冲洗工具有三种类型：短水枪长水柱水冲洗工具（Ⅰ型）、长水枪短水柱水冲洗工具（Ⅱ型）、长水枪长水柱和导水管穿过操作杆管内的水冲洗工具（Ⅲ型）。其中以Ⅰ型水冲洗工具最好。因为水枪短（全长仅 1.2m，包括雨罩段的长度在内），在 220kV 线路杆塔上冲洗时能保持在 1.8m 以上的水柱长度，不可能碰触导线。且水枪和

导水管所用的材质绝缘性能较好，导水管又直接从喷嘴引出，因此结构合理，较为安全可靠，是目前较为理想的小型水冲洗工具。

2. 水柱长度（即安全距离）

以水柱为主绝缘的大、中、小型水冲洗，其水枪、喷嘴与带电体之间的水柱长度（即安全距离）不得小于表 6-14 和表 6-15 的要求。

表 6-14　　不同喷嘴下的水柱长度（即安全距离）

电压等级/kV \ 喷口接地方式 \ 喷嘴直径/mm	≤3	4～8	9～12
	接地/不接地	接地/不接地	接地/不接地
35	0.8/0.8	2/3	4/5
110	1.2/1.2	3/4	5/6
220	1.8/1.8	4/5	6/7

对于 500kV 电压等级，也可采用上述方法，将最小水柱长度 L_{min2} 予以适当放大，作为水冲洗的安全距离，见表 6-15。

表 6-15　　500kV 电压等级水冲洗安全距离推荐值

项目	人不直接接触喷口			人直接接触喷口		
喷嘴直径 ϕ/mm	6	8	10	6	8	10
水冲洗安全距离 L_{us}/m	5.0	5.5	6.0	5.5	6.0	6.5

在变电站进行带电水冲洗时，水枪接地线应与主接地网相连。在电力线路上进行带电水冲洗作业时，水枪接地线的接地电阻不应大于 10Ω，否则，柱长度应增大 1～2m。

大中型水冲洗的水枪喷嘴及小型冲洗的水泵应可靠接地。

3. 水电阻率一般不低于 1500Ω·cm

带电水冲洗的水电阻率一般不低于 1500Ω·cm，冲洗 220kV 变电站设备时，水电阻率不应低于 3000Ω·cm，并应符合表 6-19 的要求。

如电阻率在 1000～1500Ω·cm 之间，水柱长度应比表 6-17 规定的值大 10%。如电阻率大于 10000Ω·cm 时，可适当减小水柱长度。

每次水冲洗前，都应用合格的水阻表测量水电阻率，应从水枪出口处取水样进行测量。如用水车等容器盛水，每车水都应测量水电阻率。

4. 组合绝缘应满足要求

以水柱、绝缘杆和引水管（指有效绝缘部分）组成的小水冲洗工具，其组合绝缘应满足如下要求：

（1）中性点直接接地系统使用的工具，在工作状态下应能耐受相当于 3 倍运行相电压最大值的操作过电压，中性点非直接接地系统使用的工具，在工作状态下应可耐受相当于 4 倍最大运行电压值的操作过电压（波形取 250/2500μs）。

（2）在最大工频过电压下流经操作人员人体的泄漏电流应不超过 1mA，试验时间不小于 5min。

利用上述组合绝缘的小水冲洗工具进行冲洗时，冲洗工具严禁触及带电体。引水管的有效绝缘部分不得触及接地体。

5. 遵守盐密度值的规定

带电水冲洗作业前应掌握绝缘子的脏污情况，当盐密度值大于表 6－16 中临界盐密度值的规定时，一般不宜进行水冲洗，否则，应增大水电阻率来补救。

表 6－16　　带水冲洗的水电阻率和临界盐密度值

爬电比距 λ/(mm/kV)	发电厂及变电站支柱绝缘子							
	14.8～16(普通型)				20～31(防污型)			
水电阻率 ρ/(Ω·cm)	1500	3000	10000	50000及以上	1500	3000	10000	50000及以上
临界盐密度值 (ESDD)/(mg/cm³)	0.02	0.04	0.08	0.12	0.08	0.12	0.16	0.2
爬电比距 λ/(mm/kV)	线路悬式绝缘子							
	14.8～16（普通型）				20～31（防污型）			
水电阻率 ρ/(Ω·cm)	1500	3000	10000	50000及以上	1500	3000	10000	50000及以上
临界盐密度值 (ESDD)/(mg/cm³)	0.05	0.07	0.12	0.15	0.12	0.15	0.2	0.22

6. 选择合适的冲洗方法

带电水冲洗应注意选择合适的冲洗方法。直径较大的绝缘宜采用双枪跟踪法或其他方法，并应防止被冲洗设备表面出现污水线。当被冲绝缘子未冲洗干净时，水枪切勿强行离开，以免造成闪络（这一点是最重要的，此时水枪若停止了冲洗，脏污的水还在绝缘子上，就很容易造成闪络）。

7. 遵守科学的水冲洗顺序

（1）对垂直安装的绝缘子串、瓷套管和棒式绝缘子，均由下向上逐片逐层冲洗干净。对瓷套管和棒式绝缘子还必须采用分段冲洗法，即彻底冲洗干净一段后，再冲洗第二段、第三段……，但注意，冲洗上段流下的污水把下段已冲洗干净的瓷件弄脏后要不断回头再冲洗下段，以保持下段瓷件不会闪络。

（2）对水平组装的绝缘子串、瓷套管和棒式绝缘子，均由带电侧向接地端逐片（或逐段）冲洗干净。

（3）冲洗绝缘子时，应注意风向，必须先冲下风侧设备，后冲上风侧设备。如果在冲洗上风侧设备时，随风飘到相邻的下风侧设备的污水很多的话，可回头再冲洗一次该设备。

（4）对于上、下层布置的设备，如变电站的高、低层布置的设备，同塔架设的多回线路三相垂直排列的绝缘子串，绝不能图省事先冲洗上层设备后冲洗下层设备，一定要先冲洗下层设备再冲洗上层设备。冲上层设备流到下层设备的污水很多的话，可返回再冲洗一次下层设备。

（5）注意冲洗角度，严防临近绝缘在溅射的水雾中发生闪络。

（6）为防止冲洗过程中设备外绝缘放电，应根据设备所处不幸情况、污染程度和污染源性质等，拟定出适当的冲洗周期。不要等绝缘设备被污染得十分严重了才冲洗。这时即使使用了水电阻极高的蒸馏水进行冲洗，也避免不了放电。

8. 绝缘子检测

带电水冲洗前要确知设备绝缘子是否良好。如有零值或低值绝缘子及瓷质有裂纹时，一般不可冲洗。

9. 喷嘴内表面光洁度对水柱放电电压的影响

光洁高的喷嘴，射出来的水柱散射小、压力大、射程远、冲洗效果好，但其放电电压较水柱散射的水柱放电电压低。

10. 水压不足时

水压不足所喷出的水（也称为“死水”），放电电压很低，所以，无压力或小压力的水柱不要对准带电设备的导线。

11. 冲洗用水泵应接地

另外有一个窍门：就是在离喷嘴 4～6m 长的适当长度（视所冲洗线路电压等级而定）的导水管上装一铜箍，铜箍上装一吊钩。作业时先将吊钩（连同吊钩以下部分导水管）挂在铁塔或水泥杆脚钉上，一方面可以减轻作业人员手握操作杆的重量，另一方面又做了导水管的接地保护。

12. 冲洗时的气象条件

带电水冲洗一般应在良好的气象条件下进行。风力大于 4 级，气温低于－3℃，雨天、雪天、雾天及雷雨天气不宜进行。

13. 冲洗时水压问题

带电冲洗前应注意调整好水泵压强，使水柱射程远且水流密集。当水压不足时，不得将水枪对准被冲洗的带电设备。

14. 其他注意事项

（1）避雷器及密封不良的设备不宜进行带电水冲洗。

（2）冲洗用水泵应良好接地。

（3）操作杆的使用和保管均按带电作业工具的有关规定执行。

思 考 题

1. 带电水冲洗是建立在水柱哪两个特性上的？

2. 在大、中、小三种冲洗方式中为什么多选择小型水冲洗方式？

3. 在Ⅰ、Ⅱ、Ⅲ种小型水冲洗工具中为什么多选择Ⅰ型小水冲洗工具？

4. 为什么说水柱的长度就是安全距离？说出 35kV、110kV 和 220kV 电压等级的小水冲洗安全距离。

5. 带电水冲洗用水的水电阻率是多少？当小于这个值时应该怎么办？

6. 为什么测量水电阻率时要从水枪出口处取水样？

7. 小水冲洗工具的组合绝缘应满足什么要求？

8. 带电冲洗前为什么要测盐密度值？当盐密度值超过规定时怎么办？

9. 为什么直径较大的绝缘子宜采用双枪跟踪法冲洗？

10. 为什么被冲绝缘子未冲洗干净时，水枪不得强行离开被冲洗的绝缘子？

11. 对垂直安装和水平组装的绝缘子串、瓷套管和棒式绝缘子应从什么地方开始冲洗？为什么？

12. 为什么要从下风侧设备开始冲洗？为什么要从下层设备开始冲洗？

13. 为什么水压不足时，不得将水枪对准被冲洗的带电设备？

14. 为什么避雷器及密封不良的设备不宜进行带电水冲洗？

第八节　冲洗用水电阻率及绝缘子表面盐密度值的测量

冲洗用水电阻率和绝缘件表面的盐密度是关系到带电水冲洗人身和设备安全的两个重要的参数，本书介绍这两个参数的测量方法。

一、水电阻率的测量

水电阻率的测量可以买专用的水电阻率表进行测量，也可以用广西首创并普遍使用的一种简易测量方法——水电阻率测量管测量。

1. 用晶体管水电阻率测量表测量水电阻率

晶体管水电阻率测量表轻便小巧，使用方便。使用前将水电阻率表头的指针调整到零位，然后检查导电极表面无脏污后，插入表面测量电极的插孔，合上电源开关，调整电位器使表头指针指在∞处。然后将电导电极插入水中，使两个电极间充满水，这时的表头读数即为被测水电阻率，单位为 kΩ·cm。

使用时要避免摔跌和强烈的振动，用后应将电导电极表面的水擦干净，并妥善保管，存放在温度为－10～40℃的干燥通风的仪表室内。

具体参看测量仪使用说明书。

2. 用水电阻率管测量水电阻率

取内径为 d 的玻璃管或塑料管（要求其内表面电阻要大），有效长度（指水柱的长度）为 L，装满要测量水电阻率的水，两端用胶塞塞住，胶塞内面有铜片做成的电极及引出线塞紧，如图 6－15 所示。然后用普通的万用表测量管内水柱电阻。

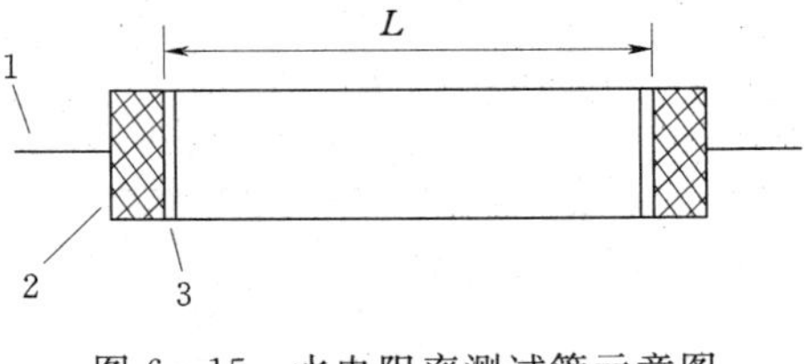

图 6－15　水电阻率测试管示意图

1—引出线；2—胶塞；3—铜电极

假设所测得水柱电阻为 R，则根据下面公式计算水的电阻率：

$$\rho = \frac{\pi d^2}{4L}R = \alpha R$$

其中

$$\alpha = \frac{\pi d^2}{4L}$$

式中　L——管内两铜片电极间的距离，cm；

d——管子的内径；

ρ——水的电阻率；

R——管子与管内水柱的并联电阻值，Ω；

α——管子系数。实践证明，管子内径越小，长度就短，测量结果误差就大，管子内径越大，长度就长，携带不方便，但测量结果误差就小些。一般以内径为2cm左右为宜。另外还应指出，长度 L 是指两端胶塞塞紧后两铜片电极间的距离，管子的长度应该是 L 加上两胶塞（含铜片）的厚度。

二、盐密度的测量

1. 洗污

用300mL蒸馏水分2～3次用纱布浸湿清洗绝缘子的污秽物。洗时注意污水不要流失。

选取污秽绝缘子时应注意：悬式绝缘子取每串中的上、中、下各一片，支柱绝缘子取上、中、下各一层瓷裙的污秽物。

2. 测污

将污水充分搅拌后，用导电仪测量其电导率，同时记录溶液的温度，并按下列步骤进行换算。

（1）将某温度 t 下测量得的电导率换算到20℃时的值：

$$\sigma_{20} = k_t \sigma_t$$

式中　σ_{20}——20℃时的电导率，μS/cm；

σ_t——t℃时的电导率，μS/cm；

k_t——换算系数，由表6-17查出。

表6-17　　清洗液电导率温度换算系数

t	0	1	2	3	4	5	6	7	8
k_t	1.735	1.628	1.631	1.581	1.533	1.487	1.422	1.400	1.359
t	9	10	11	12	13	14	15	16	17
k_t	1.319	1.282	1.249	1.217	1.186	1.156	1.127	1.100	1.073
t	18	19	20	21	22	23	24	25	26
k_t	1.048	1.023	1.00	0.978	0.956	0.935	0.915	0.895	0.877
t	27	28	29	30					
k_t	0.859	0.842	0.810						

（2）将温度换算后的电导率由盐量-电导率曲线（图6-16）查出相应的等值含盐量 N(mg/100mL)。

（3）根据下式计算出绝缘子表面的单位含盐量（盐密度）。

$$y = \frac{NM}{10S} \qquad (6-1)$$

式中　y——绝缘表面的单位盐密度，mg/cm²；

M——洗污用的蒸馏水量，mL；

S——绝缘子瓷件表面面积，cm^2，详见表 6-18、表 6-19（最好由相应的产品目录查得）；

N——100mL 溶液中的含盐量，g。

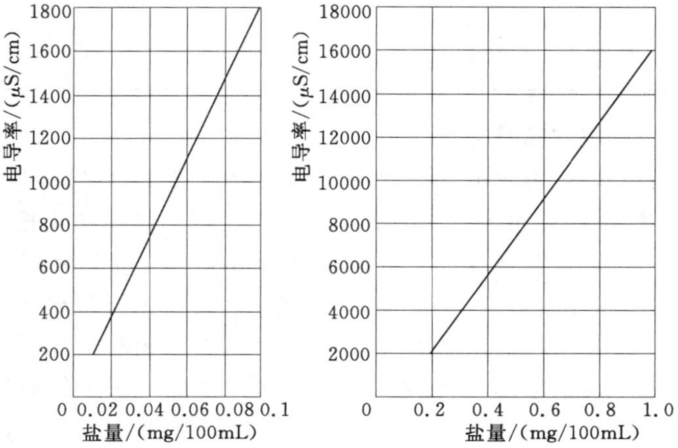

图 6-16　盐量与电导率的关系曲线

或者用盐量表直接测量 100mL 污液中的含盐量 N，再根据式（6-1）计算盐密度 y。

表 6-18　　支柱绝缘子泄漏距离和表面数据

型式	泄漏距离/mm	表面积/cm^2	一个伞的面积/cm^2
35kV 棒型支柱绝缘子	640	2313	460
110kV 棒型支柱绝缘子	1770	7880	530
110kV 防污支柱绝缘子	2770	14167	大伞 715
			小伞 397
220kV 棒型支柱绝缘上节	1770	7880	530
220kV 棒型支柱绝缘下节	1844	10265	680
220kV 棒型支柱绝缘	2×2770	2×14167	大伞 715
			小伞 397

表 6-19　　悬式绝缘子泄漏距离和表面数据

型式	泄漏距离/mm	表面积/cm^2	生产厂家
X-4.5	290	1450	大连电瓷厂
X-4.5	310	1450	西安电瓷厂
X_1-4.5	280	1480	西安电瓷厂
X-4.5	280	1572	大连电瓷厂
XP-6	290	1436	苏州电瓷厂
XP-6	292	1390	西安电瓷厂
XP-10	300	1450	西安电瓷厂

续表

型式	泄漏距离/mm	表面积/cm^2	生产厂家
XP-16	310	1548	大连电瓷厂
X_{w1}	410	2200	苏州电瓷厂
X_{w2}	400	2000	苏州电瓷厂

三、安全水冲洗的临界盐密度法

通过大量的试验发现，影响被冲洗绝缘子闪络放电强度的主要因素有：水电阻率 ρ、绝缘表面等值盐密度 ESDD、绝缘子的泄漏比距 λ。它们之间存在着相互制约的关系：如果 ρ 与 λ 已确定，并预先规定被冲洗绝缘子在进行带电水冲洗时允许发生的闪络概率为 P，那么，ESDD 有一安全限值，当低于这个限值时，对其进行带电水冲洗就可以保证安全（即冲洗时绝缘子发生闪络的概率小于危险率）。这个限值称为临界盐密度值，这种冲洗方法，称为安全水冲洗的临界盐密度法。由于这种冲洗方法定量地控制了水冲洗的条件，因此这是确保水冲洗安全的一种科学方法。在 GB 13395—1992《水冲洗规程》中，对允许发生冲击闪络的概率推荐值为 $P\leqslant 1\times 10^{-4}$。

现以 ZS-110 型支柱绝缘子为例，说明临界盐密度的求取方法。表 6-20 是 ZS-110 型支柱绝缘子在不同盐密度、水电阻率及泄漏比距下的冲闪电压。表中的 U_{50} 及 σ 为水柱的 50%工频放电电压及标准偏差，$U_{0.0001}$ 按式（6-2）计算所得的万分之一闪络概率的放电电压。

$$U_{0.0001}=U_{50}\ (1-3.7\sigma) \tag{6-2}$$

由表 6-20 做出 $U_{0.0001}$ 与盐密度（ESDD）的关系曲线，如图 6-17 所示。这些曲线与额定电压和最大运行电压（图中的两条虚线）相交。交点所对应的盐密度即为这两种电压下的临界盐密度值。

表 6-20　　ZS-110 型支柱绝缘子的冲闪电压

泄漏比距 λ/(cm/kV)	1.7（普通型绝缘子）										2.5（防污型绝缘子）			
水电阻率 ρ/(Ω·cm)	1000			2300				70000			1000	2300		
盐密度（ESDD）/(mg/cm^3)	0	0.05	0.1	0.05	0.1	0.15	0.2	0.15	0.2	0.25	0.1	0	0.15	0.25
U_{50}/kV	89	80.6	79.2	93.2	88	72.1	69	91.4	87.1	79.8	100	130	110	95.5
σ/%	3.7	4.7	2.6	1.7	5.4	5.9	4.2	5.8	3.6	4.4	8.3	3.7	3.4	3.5
$U_{0.0001}$/kV	69.3	62.7	61.6	72.5	68	56.1	53.7	71.1	67.8	62	70.4	91.5	77.4	47.3

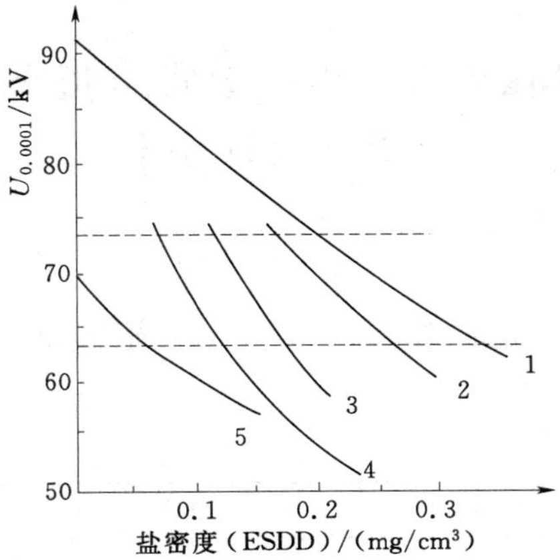

图 6-17　ZS-110 型支柱绝缘子的盐密度（ESDD）与 $U_{0.0001}$ 关系曲线

1—λ=2.5 cm/kV，ρ=2300Ω·cm；2—λ=1.7cm/kV，ρ=70000Ω·cm；3—λ=2.5 cm/kV，ρ=1000Ω·cm；4—λ=1.7cm/kV，ρ=2300Ω·cm；5—λ=1.7cm/kV，ρ=1000Ω·cm

思　考　题

1. 电阻率管测量水电阻的原理是什么？如何用电阻率管测量水电阻率？
2. 如何测量绝缘子串表面的盐密度值？
3. 什么是安全水冲洗的临界盐密度？如何选取临界盐密度值？

附录 《220kV带电更换单联耐张水平串绝缘子现场作业程序卡》

A25.1 作业人员配备

本作业不少于7人，其中工作负责人1名，杆上电工2名，等电位电工1名，地面电工若干名。

A25.2 主要工器具配备

序号	名称	型号规格	单位	数量	备注
1	兆欧表	2500V	只	1	
2	万用表		只	1	
3	水平硬梯		付	1	
4	4-4绝缘滑车组		只	2	包括ϕ22绳套2只
5	2-2绝缘滑车组		只	1	包括ϕ16绳套2只
6	托瓶架	220kV	付	1	
7	屏蔽服		套	1	
8	单门绝缘滑车		只	2	
9	绝缘无极绳	ϕ12	根	2	包括绳套
10	绝缘绳	ϕ16	根	1	4-4滑车专用
11	绝缘绳	ϕ12	根	1	2-2滑车专用
12	绝缘绳	ϕ10	根	2	硬梯专用
13	单门绝缘滑车	2.0t	只	2	
14	绝缘安全带		付	4	
15	绝缘操作杆		根	1	包括操作头
16	导线紧线器	根据导线型号确定	只	1	
17	短绝缘绳	ϕ8	根	4	绑导线、托瓶架
18	防潮垫	2.5m×2m	块	2	
19	工具袋		只	2	盛装绝缘工具用
20	脚扣或登高板	ϕ300mm			水泥杆时配置
21	绝缘子检零器				瓷质绝缘子时

注 绝缘工器具机械及电气强度均应满足GB 26860—2011《电力作业安全工作规程》要求，周期预防性、检查性试验合格，工器具的配备应根据现场工作情况进行调整。

A25.3 工作前准备

工作负责人应做好本次作业的准备工作，其主要内容包括：

a）现场踏勘。作业前，工作票签发人应组织工区生产技术、安全监理人员、工作负责人等进行现场踏勘，必要时应有工区和局领导、生产技术处、安全监理处的专业人员参加。现场勘察时，要了解杆塔附近地形状况、周围环境、缺陷部位和严重程度、交叉跨越、绝缘子规格及金具组装情况等，分析存在的危险点并制定预控措施，确定作业方法，填写现场踏勘记录。

b）相关资料。查阅、记录杆塔型号、呼称高，导地线、绝缘子型号，计算导线的荷载（张力），确定使用工具的种类、型号等。

c）工作票及任务单。工作票签发人根据工作的复杂程度和现场缺陷情况，合理选择工作负责人和工作班人员，填写并签发电力线路带电作业工作票，签发前应经工作负责人审核；工作票和工作任务单应一同下发给工作负责人，工区应提前向调度提出停用线路重合闸申请。

d）工具、材料的准备和要求。根据工作任务单准备材料等，核对型号和数量无误。

e）危险点分析预控。

序号	危险点	控制及防范措施
1	误登杆塔	登塔前必须仔细核对线路双重命名、杆塔号，确认无误后方可上塔
2	导线落地	导线紧线器型号要选对，绝缘 4－4 滑车组、托瓶架安装可靠，4－4 滑车组收紧绝缘子串下垂后，经冲击检查完好后，才能摘开绝缘子与碗头的连接
3	触电伤害	横担侧电工与带电体间、等电位电工与接地体间以及工器具上下传递时要保持 1.8m 的安全距离，横担侧作业人员的手不得接触第二片绝缘子的钢帽。等电位人员手不得超过第二片绝缘子的伞裙范围
4	高空坠落	登塔时应手抓主材，不得抓脚钉，水泥杆上杆塔前，对脚扣、登高板作冲击试验。杆塔有防坠装置的，应使用防坠装置，上、下塔及杆塔上转位过程中，双手不得持带任何工具物品等，工作过程中应正确使用安全带。杆塔上作业时，不得失去安全带的保护。绝缘软梯挂上后，杆塔上的电工检查悬挂情况，地面电工冲击悬挂好的软梯
5	高空落物	工具、材料等绑扎可靠，上下传递平稳，解绳前应先检查
6	其他	等电位电工进入、退出带电体前，必须汇报并听从工作负责人的指挥，同时根据现场实际情况，补充必要的危险点分析和预控内容

A25.4 二交一查

a）工作前，工作负责人检查工作票所列安全措施是否正确完备，是否符合现场实际条件，必要时予以补充；工作负责人应召集工作班成员进行“二交一查”，包括交代工作任务、安全措施和技术措施，进行危险点告知，检查人员精神面貌状况和工作准备情况。

b）全体工作班成员明确工作任务及安全、技术措施和危险点后在工作票上签字。

A25.5 人员分工

a）工作负责人 1 名，负责作业监护（必要时增加杆上监护人）。

b）杆上作业人员 2 名，负责装拆 4－4 绝缘滑车组、绝缘子、软梯滑车等。

c）等电位作业人员 1 名，负责导线与绝缘子的分解和连接及配合塔上电工装拆 4－4 绝缘滑车组等。

d）地面作业人员若干名，负责 4－4 滑车组的松紧、传递工具、绝缘子串、软梯悬挂及冲击检查等。

A25.6 安全措施及注意事项

a）作业应在良好天气下进行，遇雷、雨、雪、雾、风力大于五级及空气相对湿度大于80%时，不得进行带电作业。

b）工作负责人在作业开始前，必须告知调度：××工作负责人带领工作班在××线路上更换绝缘子工作，申请停用重合闸。若线路跳闸不经联系不得强送，工作结束后必须及时向调度（工作许可人）汇报。

c）在带电作业过程中如遇设备突然停电，作业人员应视设备仍然带电。

d）用2500V兆欧表进行绝缘检测，操作时应戴清洁、干燥的手套，防止使用中脏污和受潮。

e）人身与带电体最小安全距离1.8m，绝缘操作杆最小有效长度为2.1m，绝缘工具、绳索的有效长度1.8m。

f）摘换绝缘子串时，等电位人员的双手不得超过第二片绝缘子的伞裙，良好绝缘子片数不少于9片；等电位电工进入、退出带电体前，必须汇报并听从工作负责人的指挥。

g）绝缘子承力工具受力后，须检查各部件受力情况，确认安全可靠，方可脱离绝缘子。

h）上下传递绝缘子要用绝缘绳，传递过程要防止损伤绝缘子和高空落物。

i）当绝缘子串未脱开导线前，横担侧电工不得先行摘开球头挂环与绝缘子的连接，横担侧电工在横担侧摘绝缘子串与球头时，手不得接触第二片绝缘子的铁帽。

j）作业人员在杆塔上作业时不得失去安全带保护，塔上转移时严禁双手持带任何工具、物品等。

k）遵守《国家电网公司电力安全工作规程》（电力线路部分）中其他相关规定。

A25.7 作业内容和工艺标准

序号	作业内容	作业工序	工艺标准和要求
1	核对现场	a）核对线路双重命名、杆塔号； b）核对现场情况； c）现场列队进行“两交一查”工作	1）由登塔人员核对线路双重命名、杆塔号，工作负责人确认； 2）由工作负责人核对现场情况； 3）工作负责人在开工前，在现场召集全体作业人员列队，交代工作任务、安全措施，检查工器具是否完备和登塔人员精神状况是否良好
2	检测工具	a）对安全用具、绳索及专用工具进行外观检查； b）对绝缘工具进行绝缘电阻检测； c）屏蔽服衣裤穿戴连接完好并进行电阻值检测	1）安全用具、工器具外观检查合格，无损伤、变形、失灵现象； 2）绝缘工具使用前应进行检查，并应用2500V兆欧表或绝缘检测仪进行分段绝缘检测（电极宽2cm，极间宽2cm），电阻值应不低于700MΩ；操作绝缘工具时应戴清洁干燥的手套； 3）用万用表测量屏蔽服衣裤最远端点之间的电阻值不得大于20Ω； 4）水泥杆上杆塔前，应对脚扣、登高板作冲击试验； 5）绝缘硬梯组装好后，地面电工应进行冲击试验

续表

序号	作业内容	作业工序	工艺标准和要求
3	登塔	a）登塔作业人员身背绝缘绳，登塔工作； b）工作负责人严格监护	1）登塔前正确佩戴个人安全用具，杆塔有防坠装置的，应使用防坠装置，登塔及杆塔上转移过程中，双手不得持带任何工具物品等；杆塔上人员，必须使用安全带，在杆塔上作业时，不得失去安全带保护； 2）监护人专责监护，不得直接操作
4	绝缘子测零	若是瓷质绝缘子串，将检测杆传至塔上，对瓷质绝缘子进行零值检测，告知工作负责人，并做好记录	当发现同一串中的零值绝缘子片数达到5片时，应立即停止检测，并停止工作；检测后如良好绝缘子少于9片，立即停止工作；保持绝缘操作杆有效长度不小于2.1m
5	工器具传递安装	a）地面电工吊上2-2绝缘滑车组，等电位电工将二门滑车组的一头挂在塔顶挂好； b）杆塔上电工吊上硬梯固定器，等电位电工装好； c）地面电工将绝缘硬梯组吊上，等电位电工将硬梯与固定器组装好； d）工作负责人指挥地面电工与塔上电工配合利用二门滑车组和硬梯左右控制绳将硬梯的另一头拉起，使硬梯水平，并使硬梯一头处于绝缘子外侧碗头导线处； e）地面电工打好小钢钎后将硬梯左右控制绳在小钢钎上固定； f）等电位电工携带绝缘绳登塔沿水平硬梯以坐式进入强电场进行等电位作业，绑好腰绳，挂好无极绳，吊上紧线器，两根无极绳同时吊上4-4绝缘滑车组，尾绳穿入横担处的单面滑车并带紧，吊上保险绳，托瓶架装好	1）杆塔上电工保持人身与带电体最小安全距离1.8m； 2）传递工器具绳扣应正确可靠，塔上人员防止高空落物； 3）杆塔上、下作业人员应密切配合； 4）等电位电工进入强电场前，应先挂好副保险，征得监护人同意后方可进入强电场； 5）转移电位时，人体裸露部位与带电体距离不小于0.3m； 6）等电位电工对相邻导线距离不小于2.5m，对接地体不小于1.8m； 7）绝缘硬梯挂上后，杆上电工检查悬挂情况，地面电工冲击检查悬挂好的硬梯； 8）杆塔上作业时，不得失去安全带的保护。在杆塔上转移时，严禁双手持带任何工具、物品等
6	更换绝缘子	a）等电位电工拔掉导线端碗头处弹簧销，在末端托瓶架处绑好绝缘绳； b）地面电工收紧4-4绝缘滑车组，使绝缘子串松弛，等电位电工摘开碗头连接，使绝缘子串与导线脱离； c）等电位电工慢慢松放托瓶架与绝缘子串至垂直； d）塔上电工用绝缘无极绳绑好绝缘子串，拔出横担侧碗头的W销； e）塔上电工与地面电工配合吊下旧绝缘子串； f）塔上电工、地面电工、等电位电工以相反的程序安新绝缘子串	1）绝缘子串在脱导线前，必须仔细检查导线紧线器、绝缘4-4滑车组等受力部件是否正常良好，检查认为无问题后经负责人同意方可脱离； 2）横担侧电工始终保持人体与带电体最小安全距离1.8m； 3）保持绝缘承力工具与绳索的最小有效绝缘长度1.8m； 4）在绝缘子串未脱离导线前，杆上作业人员的手不得接触第二片绝缘子的钢帽； 5）绝缘子应保持清洁，绑扎可靠，传递时避免损伤绝缘子； 6）绝缘子如是瓷质或玻璃的可分两次吊装； 7）等电位人员的双手不得超过第二片绝缘子的伞裙

续表

序号	作业内容	作业工序	工艺标准和要求
7	拆除与传递工器具	a）等电位电工和横担侧电工检查绝缘子串连接状况良好（杆上电工对新瓷质绝缘子串进行检测无误），报工作负责人，拆除成套绝缘工具并传至地面； b）等电位电工得到工作负责人同意后，脱离等电位，等电位电工脱离电场，沿水平硬梯以坐式返回铁塔； c）塔上电工与地面电工配合拆除绝缘水平硬梯，并传至地面	1）检查绝缘子串W销或R形销是否齐全； 2）等电位电工脱离电场时应征得监护人同意； 3）在杆塔上作业时，不得失去安全带的保护。在杆塔上转移时，严禁双手持带任何工具、物品等
8	下塔	a）检查杆塔上无遗留物； b）下塔返回地面； c）工作负责人严格监护	1）确认杆塔上无遗留物； 2）下塔时，必须戴安全帽，杆塔有防坠装置的，应使用防坠装置，下塔过程中，双手不得持带任何工具、物品等； 3）监护人专责监护
9	工作终结	a）清理地面工作现场； b）工作负责人全面检查工作完成情况，确认无误后签字撤离现场； c）工作负责人向调度（工作联系人）汇报，履行工作终结手续	1）确认工器具均已收齐，工作现场做到"工完、料净、场地清"； 2）及时向调度汇报，恢复重合闸
10	自检记录	a）更换的绝缘子串连接完好，杆塔上无遗留的工具材料等； b）发现的问题及处理情况； c）验收结论	

工作负责人：　　　　　　　　　　　　　　　　　　　　日期：

参　考　文　献

［1］ 国家电网公司人力资源部．带电作业基础知识．北京：中国电力出版社，2010.

［2］ 史兴华．配电线路带电作业技术与管理．北京：中国电力出版社，2011.

［3］ 曾昭桂．输配电线路运行和检修．北京：中国电力出版社，2013.

［4］ 胡毅，刘凯．超/特高压交直流输电线路带电作业．北京：中国电力出版社，1994.

［5］ 武汉高压研究所．配电线路带电作业技术．北京：中国电力出版社，2001.

［6］ 李如虎．带电作业问与答．北京：中国电力出版社，2013.